母羊产前产后营养调控
研究与应用

陈勇 甄莉 著

化学工业出版社

·北京·

内容简介

本书系统介绍了母羊产前产后的营养代谢特点、多种相关营养调控技术的研究和应用以及母羊产后羔羊的饲喂技术。重点介绍了营养性和非营养性饲料添加剂对母羊产前产后的营养调控，以及对羔羊的营养调控。本书能使读者系统全面地了解母羊产前产后的生理机能、消化代谢的变化，以及适宜的营养改善措施，从而有利于提高母羊的生产性能。本书具有较强的实用性和针对性，本书可作为羊生产技术人员和科研人员的参考资料。

图书在版编目（CIP）数据

母羊产前产后营养调控研究与应用 / 陈勇，甄莉著.
北京：化学工业出版社，2024. 8. -- ISBN 978-7-122
-46120-9

Ⅰ. S826. 3
中国国家版本馆 CIP 数据核字第 2024YC5775 号

责任编辑：曹家鸿　邵桂林　刘　军　　　装帧设计：张　辉
责任校对：刘　一

出版发行：化学工业出版社
　　　　　（北京市东城区青年湖南街 13 号　邮政编码 100011）
印　　装：北京建宏印刷有限公司
710mm×1000mm　1/16　印张 9¾　字数 158 千字
2024 年 8 月北京第 1 版第 1 次印刷

购书咨询：010-64518888　　　　　售后服务：010-64518899
网　　址：http://www.cip.com.cn
凡购买本书，如有缺损质量问题，本社销售中心负责调换。

定　　价：88.00 元　　　　　　　　　　版权所有　违者必究

前言
PREFACE

畜牧业是全球农业的重要组成部分，养羊业作为畜牧业的一部分，在提供肉类、乳制品和羊毛等方面具有重要意义。随着经济的发展和生活水平的提高，人们对羊肉和羊奶的需求不断增加，同时对畜产品质量和安全的要求也不断提高。因此，国内外都非常关注养羊业的发展，特别是重视羊肉的生产，提高羊肉的产量。全球范围内的羊肉产量每年接近 900 万吨，而发展中国家的羊肉产量位居榜首。中国养羊业在生产和效益方面保持了良好的发展趋势，规模养殖比重和养殖生产效率也持续提高。在市场方面，种羊、商品羊和羊肉的价格走势均表现强劲，符合季节性消费增长模式。在消费方面，随着肉类消费结构的改变和消费渠道的多样化，羊肉消费质与量都有所提升。不过，我国在养羊生产中也存在较多不足的地方，比如日粮搭配不合理、羊场日常管理技术欠缺、疾病的预防和治疗方法不完善、母羊的培育和管理不足等。

目前，世界各国，包括中国，养羊的主要目的是满足市场对羊肉产品的需要。羊肉生产，尤其羔羊肉的生产，需要有大量的羔羊用于育肥。这就要求在养羊生产中提高母羊的繁殖能力，增加羔羊的产出数量，推动高品质羊肉的生产。

母羊的生产性能受到许多因素的影响，其中包括营养、环境、遗传和管理等。在所有这些因素中，营养被认为是影响母羊生产性能的关键因素之一。母羊在初情期、性成熟、妊娠、分娩、泌乳等过程中伴随着多种不同激素水平的变化，生殖器官的体积和重量迅速增长，性机能和繁殖机能也随之变化。伴随这些激素水平和生殖、生理水平的变化，机体的消化代谢、能量平衡、免疫功能均出现显著改变。在这些特殊阶段，饲料中的营养物质含量通常不能满足需求，从而导致母羊能量、蛋白、钙磷等摄入不足。

母羊产前产后的营养调控对于维持母羊的健康和生产性能至关重要。妊娠和哺乳期间，母羊需要额外的营养来支持胎儿的发育和维持乳汁的分泌。如果这个阶段的营养不足，可能会导致妊娠失败、胎儿发育不良、母羊生产性能下降以及哺乳期乳汁分泌不足等问题。因此，对母羊产前产后的营养进行调控，确保其获得充足的营养，不仅对母羊的健康和生产性能至关重要，也对新生幼崽的生长发育具有重要意义。

近年来，国内外学者对母羊营养调控进行了大量研究，包括不同阶段的营养需求、营养素的配比、饲料种类和饲喂方法等。这些研究不仅提高了母羊的生产性能，而且提高了畜产品的质量和安全。然而，仍有许多问题需要进一步研究和解决，比如如何精确地确定母羊的营养需求、如何优化饲料配方以及如何提高营养物质的利用率等。母羊产前产后的营养调控研究具有重要的理论和实践意义。从理论上讲，研究可以揭示营养与母羊生殖生理和乳汁分泌的内在联系，为进一步探讨动物生殖生理和营养代谢提供新的思路和方法。从实践角度，通过对母羊产前产后营养需求的精确调控，可以提高母羊的生产性能，增加羔羊的初生重和断奶重，提高幼崽的存活率，同时也可以提高母羊的利用年限和繁殖效率。此外，合理的营养调控还可以提高羊肉和羊奶的品质和产量，满足人们对高质量、安全和健康食品的需求，同时对促进羊业的可持续发展也具有重要意义。

饲料添加剂是常用的营养调控剂，具有很好的饲喂效果，并具有多方面的功效。营养性添加剂主要用于补充或平衡必需的营养，维持正常的生理活动等。非营养性添加剂能增进机体健康，促使机体代谢和生长发育，或参与消化和神经调控，提高饲料及产品质量，提高产品产量等。另外，目前中草药添加剂、酶制剂和微生物制剂等添加剂也被广泛用于改善畜禽的生产性能，增强对环境改变的适应能力等方面。此外，动物体内是一个稳态系统，各营养物质的消化吸收是相辅相成、相互影响的。复合型的添加剂更容易发挥其效果，甚至达到 1+1>2 的效果。不同添加剂之间发挥协同作用，可促进各类营养物质的消化吸收。

著者结合近年主持的横向课题和科研项目，对母羊在产前产后应用多种饲料添加剂的效果进行总结，结果表明营养性饲料添加剂的饲喂和非营养性饲料添加剂的使用从不同的方面影响母羊的代谢机能，改善母羊的生殖和生产性能。课题和项目内容主要包括过瘤胃蛋氨酸、复合消化酶、姜黄素、大蒜素、过瘤胃葡萄糖和过瘤胃烟酸对妊娠后期和泌乳母羊的应用研究，也包括部分添加剂对羔羊的影响。

本书共 4 章，包括绪论、母羊产前产后的营养代谢特点、母羊产前产后的营养调控研究和母羊产后羔羊的营养调控研究，内容涉及生物化学、生理学、营养学等多个学科。陈勇撰写第 2 章、第 3 章，甄莉撰写第 1 章、第 4 章。

由于编者水平有限，书中如有不足之处，恳请各位读者给予批评指正，以便我们将来修订再版。

著者

2023 年 12 月于大庆

目录
CONTENTS

第3章 母羊产前产后的营养调控研究 66

第 4 章　母羊产后羔羊的营养调控研究　130

第1章

绪　论

1.1　羊生产概况

羊是第一批被人类驯化的动物，饲养羊的最初原因是为获取肉、奶、乳制品、羊毛和羊皮等产品。羊肉消费量排在猪肉、禽肉和牛肉之后，约 20.8％ 的乳制品来自绵羊和山羊。许多人，包括部分婴儿，对牛奶有过敏症状，但对山羊奶和绵羊奶及其乳制品没有过敏反应，因此山羊奶和绵羊奶具有很好的保健作用。全球对羊相关产品的需求呈逐年增加的趋势，实现这一需求需要养羊业科研、生产和相关的基础设施建设加大投入。

1.1.1　国外羊生产的情况

山羊的驯化发生在公元前 7000～前 6000 年，而绵羊的驯化更早，发生在公元前 11000～前 9000 年。在牛出现之前，羊已经被饲养了几千年。饲养这些动物的最初原因是为了获取它们的肉、奶和皮。最初，大多数山羊和绵羊品种是在西南亚发展起来的。奶酪是在公元前 8000 年左右出现的，也就是绵羊被驯化的时候。奶酪是最受欢迎的奶制品之一，至少有 1000 种品种，从古罗马最早的文明时期就开始生产了，然后被传播到中东和欧洲，随后被传播到北美、南美和大洋洲。

绵羊和山羊适宜驯化的主要因素是它们的体型，其体型适中，使得它更便于管理，同时它还具有早熟、繁殖率高、合群性强以及易于服从的特性。此外，在农场饲养绵羊和山羊的最重要的原因之一是，要保存对不同环境和温度敏感的肉类等动物产品比较困难。虽然在某些方面，山羊和绵羊作为小型反刍动物被归为一类，但它们的染色体数目（绵羊有 54 条染色体，山羊有 60 条染色体）和行为不同。

亚洲是世界上绵羊和山羊数量最多的地区，其他大陆分别占世界绵羊和山羊数量的 43.6％和 55.4％。绵羊和山羊的数量正在增加，这主要是因为世界范围内对肉类和牛奶的需求不断增加。亚洲的山羊数量为 5.56 亿。在亚洲，山羊数量最多的是中国、印度、巴基斯坦、孟加拉国和蒙古国。绵羊的数量为 5.12 亿，绵羊数量最多的是中国、印度、伊朗、蒙古国和土耳其。非洲有 3.88 亿只山羊，尼日利亚、苏丹、乍得、埃塞俄比亚和肯尼亚拥有大量的山羊。非洲的绵羊总数为 3.52 亿只，阿尔及利亚、乍得、埃塞俄比亚和肯尼亚是绵羊数量最多的五个非洲国家。欧洲有 1700 万只山羊和 1.31 亿只绵羊，俄罗斯、西班牙、罗马尼亚、希腊和意大利是山羊数量最多的五个欧洲国家，而欧洲大陆的绵羊主要分布在西班牙、德国、俄罗斯和法国。南美洲有 3800 万只山羊，巴西、墨西哥、阿根廷、海地和玻利维亚是这个大陆上山羊数量最多的国家。大洋洲的山羊数量略高于 400 万头，澳大利亚、斐济、新西兰、瓦努阿图、法属波利尼西亚是山羊数量最多的国家，在这片大陆上有 6 个国家饲养绵羊，总数量达 9500 万头，大部分分布在澳大利亚和新西兰。

肉类是人类食物金字塔中的主要构成之一，为人类提供所需的营养物质，如脂肪、蛋白质（尤其是必需氨基酸）和多种微量元素。在发展中国家，消费者开始意识到饮食、健康和福利之间的关系。因此，他们需要具有健康促进特性的优质食品。

在过去，羊肉被认为是羊毛工业的副产品之一。然而，随着羊毛产量的减少，肉类成为饲养绵羊的主要原因，并且数量每年都在增加。绵羊肉消费量排在猪肉、禽肉和牛肉之后，排在第四位。近些年，人类的饮食模式转向了以动物肉为基础的高能量和快餐食品。中国的羊肉消费量占世界的 46％，居世界首位。澳大利亚、新西兰、印度、中东和欧洲部分地区将羊肉作为蛋白质的主要来源。发展中国家的大多数人口，特别是农村地区的人口，都依赖于作为重要食物和收入来源的山羊肉生产。

　　不同的因素可以影响肉品质，包括动物年龄、性别、脂肪和蛋白质比例、消费的饮食、生理和动物遗传，这些因素可以影响新陈代谢和组织特征。品种会影响肉的某些成分。与其他非肉用改良品种相比，一些品种有更多的肌内脂肪，通常有更多的肌肉。另一方面，品种可以影响肉的真蛋白质和氮含量。影响动物肉类中脂肪酸含量的主要因素之一是饮食。因此，通过控制羊的饮食，如添加健康的脂肪酸，可以实现这一目标。在绵羊青春期，其蛋白质和脂肪沉积增加，这种蛋白质沉积的增加是由生长激素（GH）介导的，生长激素通过增加肌纤维，减轻脂肪沉积。增加脂肪沉积也受到某些性激素的调节。绵羊肉质在不同的年龄会发生变化，这与胴体的理化变化有关。Santos 和 Huber 发现，母羊的肉脂肪含量高于公羊（分别为 2.3% 和 1.9%）。Rodríguez 等还发现，公羊的全身脂肪含量为 1.6%，母羊为 2.9%。

　　反刍动物可以将其饮食中的脂肪酸生物氢化，从而增加其肉类中饱和脂肪酸（SFA）。牛的生物氢化作用通常比羊大，因此，羊肉含有更多的多不饱和脂肪酸（PUFA）及其相关的中间体，如共轭亚油酸。此外，绵羊肉含有较多的支链脂肪酸（BCFA）。众所周知，SFA 和反式单不饱和脂肪酸（MUFA）可能对血液中的脂质有负面影响，并可能导致主要的代谢紊乱，如糖尿病和心血管问题。另一方面，反刍动物肉是不饱和脂肪酸生物氢化中间体的来源，尤其是共轭亚油酸（CLA）、omega-3 不饱和脂肪酸（PUFAs）、BCFA，它们以对人体健康的积极影响而闻名。此外，脂肪酸是影响肉类质地和风味的关键因素之一。动物饲料类型是影响肉类组成的一个主要因素，包括动物的脂肪酸组成。在这方面，可以通过控制反刍动物的饮食来改良反刍动物肉，并为消费者提供高质量的产品。因此，从健康益处来看，羊肉具有提供营养丰富食品的潜力，其中脂肪酸对人体健康有促进作用。

　　世界上大多数山羊都是用来吃肉的。山羊肉在味道和香气上与绵羊肉有一些不同，与绵羊肉相比，山羊肉往往不那么嫩，也不那么多汁。与绵羊胴体相比，山羊通常不那么紧凑，比绵羊更瘦、更小。和绵羊肉一样，山羊肉也会受到年龄、品种、饮食和性别的影响。山羊肉胶原含量较高，溶解性较差，纤维残渣较多，质地粗糙。山羊的脂肪沉积发生得很晚，通常发生在动物成年时。山羊胴体在冷冻过程中容易失去更多水分，而且与较大胴体相比，较小胴体的水分损失更大。与猪肉、牛肉和绵羊肉相比，山羊肉的蛋氨酸、赖氨酸、异亮氨酸、精氨酸、色氨酸和苏氨酸水平更高。与牛肉和绵羊肉相比，山羊的脂肪和饱和脂肪含量更低，不饱和脂肪酸含量更高。因此，山羊肉被认为比其他反刍动物肉更健康。与其他肉类如牛肉、绵羊肉、猪肉和鸡肉相比，山羊的脂肪、胆固醇和热量都更低。基于较高的营养价值和较高的不饱和脂肪酸与饱和脂肪酸的比例，山羊肉具有改善人类健康、降低肥胖风险和相关代谢疾病的潜力。奶山羊和奶绵羊占世界山羊和绵羊总数的 20.8%。在亚洲，山羊奶主要被牧民直接食用，通常不用于商业销售。奶山羊的主要商业市场在西班牙、希腊、法国和荷兰等欧洲国家。美国的羊奶产量正在增长，主要是因为居民对羊奶产品的需求不断增加，尤其是奶酪或山羊奶酪。据统计，从 1997 年到 2016 年，奶山羊的数量翻了一番。与牛奶相比，羊奶含有更少的钠、铁、锌、硫、钼、核糖核酸酶、脂肪酶、碱性磷酸酶、黄嘌呤氧化酶、N-乙酰神经氨酸、乳清酸、叶酸、吡哆醇、维生素 C 和维生素 B_{12}。羊奶的凝固点和 pH 值更低。山羊奶比牛奶更接近人奶，更容易消化，因为其脂肪球更小。羊奶和牛奶中的肉碱含量相同，但绵羊奶中的肉碱含量几乎是山羊的 8 倍。与山羊奶相比，绵羊奶与牛奶的区别更大，绵羊奶含有更多的固形物、蛋白质、乳糖和脂肪。山羊奶比绵羊奶和牛奶含有更少的乳糖，但其他营养物质含量比牛奶高。绵羊奶脂肪含量的增加使它比羊奶或牛奶更适合生产奶酪和酸奶。绵羊乳的化学成分受多种因素的影响，如品种、年龄、日粮、胎次、季节、泌乳阶段、温度、泌乳效率和乳房疾病。不同季节牧草来源和组成的变化会影响羊奶的脂质和脂肪酸组成。绵羊奶和山羊奶中脂肪球的平均尺寸小于牛奶，分别为 3.0 μm、3.6 μm 和 4.0 μm，由于羊奶中分散有小的脂肪球，所以羊奶具有奶油状的质地，且易于消化。由于季节性生产，绵羊奶的产量并不大，但可以冷冻和储存长达 12 个月，然后用作乳制品。山羊奶、绵羊奶和牛奶的酪蛋白含量和胶束特性不同。绵羊奶和山羊奶酪蛋白胶束的矿化程度大于牛奶，在高温不太稳定。羊奶的酪蛋白胶束中含有更多的钙，这是一个优势，因为不需要额外添加 $CaCl_2$。与牛奶相比，羊奶含有较多的赖氨酸、丙氨酸、组氨酸、丝氨酸和缬氨酸，但含有较少的甘氨酸和胱氨酸。

毛用羊生产是畜牧业的重要组成部分，羊毛作为天然纤维，具有环保、可持续的特点，市场需求量大。制作地毯、床上用品、毛衣等都会用到羊毛。近几十年来，由于合成纤维的大量使用，羊毛生产遭受了经济危机，同时消费者对动物福利的态度也影响了羊毛贸易市场。饲养某些品种的羊（如卡拉库尔羊）的主要原因是为了生产羊毛。羊毛生产受环境状况、蛋白质、锌和铜摄入量、基因型和生理等因素的影响。绵羊每年的羊毛产量为 2～5 kg/只，这取决于品种。一些毛用羊品种，如林肯羊和美利奴羊，每天可生产 22～23 g 羊毛。据了解，采食量对绵羊的羊毛生长有很大的影响（羊毛生长速度可变化 3～4 倍）。特别是高产羊对增加采食量有较好的反应。羊毛生长与干物质采食量消化率之间存在线性正相关关系。

1.1.2　国内羊生产的情况

近年来，中国养羊业在生产和效益方面保持了良好的发展趋势，库存和销售额逐年增加，规模养殖比重和养殖生产效率也持续提高。市场方面，种羊、商品羊、羊肉价格均表现强劲，价格走势符合季节性消费增长模式。在消费方面，随着肉类消费结构的变化和消费渠道的多样化，羊肉消费质与量都有所提升。2021 年，人均羊肉表观消费量为 3.93 kg，表明市场对羊肉产品的偏好较大。养殖成本方面，由于区域性、季节性和降雨等自然灾害，饲草供应压力持续加大，价格明显上涨。饲草资源制约产业发展的现状将长期存在，规模化养殖仍面临饲草资源短缺的严峻挑战。进口方面，随着国内疫情防控常态化，餐饮和日常消费需求逐步恢复正常，进口量开始稳步回升。

我国羊存栏量整体稳定在 3 亿只左右，2021 年我国羊存栏量达到 31969 万只。近年来，我国肉羊养殖区域性格局逐渐稳固，人工授精等专业技术广泛推广，肉羊规模化养殖快速发展，引进品种本土化和遗传育种收效显著，羊出栏量和存栏量持续增加，羊肉产量平稳增长。根据国家统计局数据显示，2021 年，我国羊出栏 33045.0 万只，同比增长 3.5%，羊只出栏率达到 107.8%；年末羊存栏 31969.0 万只，增幅达 4.3%，说明我国肉羊生产性能不断增强；羊肉产量达514.0 万吨，增幅为 4.4%。在绵羊屠宰方面，绵羊屠宰数量持续增加，从 30232万只增加到 31969 万只，增长 5.7%，屠宰率保持在 100% 以上。据初步计算，2021 年全年生产猪、牛、羊、禽肉 8877 万吨，比上年增长 16.3%。其中，羊肉产量占全国肉类产量的 5.8%。

中国居民人均表观消费量（表观消费＝国内生产＋进出口）从 2011 年的2.99 kg/人增加到 2020 年的 3.93 kg/人，增长 31.4%。2011 年至 2021 年，中国羊肉表观消费从 400.7 万吨增加到 554.93 万吨，增长 38.5%。目前，羊肉消费量呈上升趋势，未来市场潜力仍有增长空间。市场将继续保持稳定和小幅增长的趋势。

规模养殖羊的生产模式也在不断变化。从传统的家庭养殖模式向现代化、集约化的生产模式转变，提高了生产效率和产品质量，同时也降低了成本和风险。小规模零售养殖加快引入，2010 年至 2019 年，年产量在 100 只以下的养殖规模比例下降了 17.8%。2015 年后，规模化养殖模式逐步形成，成功案例不断增多。规模养殖羊的产业链整合也在不断加强。从养殖、屠宰、加工到销售等环节，企业逐渐形成完整的产业链，提高了产品的附加值和竞争力。标准化、机械化、信息智能化和自动化养殖设备的广泛应用推动了规模养殖的快速发展。

种业是现代肉羊产业发展的基础，良种对畜牧业生产的贡献率超过 40%。要突破养羊产业发展中的薄弱环节，解决"卡脖子"问题，就要高度重视育种工作，继续开展生产性能检测、采集分析等基础性工作。

为了更好地收集大量的基础数据，提高养殖工作效率，企业积极利用大数据、智能化、信息化系统和设备，通过智能传感器获取环境信息，联动现有环境控制设备，实现智能生产与科学管理。养殖户可以通过手机、电脑等信息终端，实时掌握养殖场环境信息，及时获取异常报警信息，并可以根据检测结果，远程控制相应设备，实现健康养殖、节能降耗的目的。实时采集养殖场的气温、湿度、光照、CO_2 浓度、硫化氢、氨、溶解氧、酸碱度、水温、氨氮等各种环境参数，并无线传输给监控服务器。有条件的养殖场可安装视频监控，以便随时查看养殖场内的情况，减少人工现场巡查次数，提高生产效率。这些企业也对养羊产业的数字化、智能化发展起到了引领和示范作用。

2020 年以来，豆粕、玉米等饲料原料价格持续上涨，较 2019 年同比上涨 30%~40%。青贮饲料、花生幼苗和干草价格也上涨了 30%~40%。进入 2021 年，饲草价格持续上涨，部分企业反映，全株青贮和干草市场价格较 2020 年同期上涨超过 30%。原材料的大幅增加使养殖成本增加了 20% 以上，导致育肥绵羊的效益严重流失。据监测，2021 年饲草成本的上涨将养殖成本线推高至 12~14 元/斤。2021 年下半年三季度后，市场价格逐步回升至 15~16 元/斤，才显示出盈利潜力。

据统计，2020 年，由于养殖成本上升、养羊市场需求增加、羊肉进口减少、猪肉价格上涨、养殖信心增强等多种原因，羊肉价格持续上涨。2020 年前三季度，羊肉价格稳定在 63~65 元/kg。进入第四季度消费旺季后，羊肉价格开始持续上涨，在 2021 年春节前突破 70 元/kg，创下历史新高。羊肉价格的持续上涨在一定程度上抑制了消费热情，另一方面也增加了羊肉进口的动力。2021 年春节后，全国市场白条羊批发价格已从最高的 71.41 元/kg 降至 65.17 元/kg。

据统计，我国绵羊平均体重已从 2017 年的 15.18 kg 增加到 2021 年的 15.55 kg，年均增加 0.09 kg，我国养羊业的生产效率正在逐步提高。绵羊的体重反映了绵羊的生产效率和饲养水平。提高养殖水平是实现高效生产的重要途径之一，也是未来养羊产业发展的核心竞争力之一。

2020 年，中国共进口羊肉 3.65 万吨，同比下降 7.0%，进口金额达 17.44 亿美元，同比下降 6.3%。主要进口国仍为新西兰和澳大利亚，两国羊肉进口量分别比 2019 年下降 4.3% 和 12.2%。新冠疫情对贸易和消费市场的影响是进口下降的主要原因之一。

从 2010 年到 2019 年，中国 1000 头以上规模的羊场数量增长了 3.4 倍，尤其是在 2015 年之后。以山东临清润林牧业为代表的规模化养殖模式逐步形成，湖羊养殖标准化、机械化、规模化的成功模式在全国迅速推广。从 2016 年到 2019 年，大规模养殖的成功案例数量持续增加。从 2020 年到现在，成功的模式包括陕西榆林的上河、陕西的新中生、浙江的华信牧业。以图木舒克安欣牧业为代表的又一批 10 万头以上规模的企业成功投产。随着市场热度和利润空间回归理性，进入壁垒逐渐增加，养殖管理要求精准高效，养殖成本、土地和环境要求更加严格，政策项目减少，预计未来规模养殖企业增速将逐步放缓。行业中的中小农户仍将是养殖生产的主力军，小规模养殖将被市场淘汰，加速退出。从 2019 年开始，羊产业分会开始监测和研究核心成员企业的养殖生产和当地市场情况，每季度收集企业养殖生产成本、市场价格、养殖利润等相关信息。监测显示，2020 年至 2021 年，市场经历了高水平的波动和回调，市场价格的下跌加剧了商品羊价格倒挂的现象。2021 年春节后，肥羊养殖利润迅速下滑，养殖效率降至成本线。2021 年饲草成本的上涨将养殖成本线推高至 24～26 元/kg，进入第三和第四季度，市场价格逐渐回升至 30～32 元/kg。2021 年，母羊养殖的净利润保持在 500～1500 元/只，而育肥羊的净利润在 50～150 元/只，与 2020 年相比下降了 30%～40%。

随着近年来新上市企业产能的释放，未来活羊和羊肉产品市场供需紧张的局面将得到缓解。考虑到劳动力和饲草等成本的进一步增加，养殖效益可能会进一步压缩。市场价格再次上涨的可能性不大，主要关注点仍将是保持高水平的运行。多年来，羊肉进口量与国内羊肉市场热度呈正相关，国内羊肉市场的价格和活跃程度影响了进口形势。

　　未来羊肉市场供应仍将以国内自主羊肉生产为主，对进口的依赖程度不大。进口优质羊肉的比例将进一步提高，进口大幅增长的可能性很小。预计进口量将保持在 40 万吨的水平。市场对繁殖母羊的需求依然强劲。随着当地养羊产业的发展和大型企业养殖能力的释放，市场上种羊供需的紧平衡将放缓。养殖母羊和商品羊供需紧张导致的"暴利"市场将发生变化，养殖利润空间将被成本增长进一步压缩。利润点将更多地来自高效养殖生产、节本增效、团队管理。通过市场化运作等方面的内部培育，产业发展将进入更成熟的精耕细作时代。

1.2　我国养羊业存在的问题

1.2.1　日粮搭配不合理

　　长期以来，农牧民传统上依靠自然环境饲养牲畜。然而，由于严重超载和过度放牧，肉羊养殖所需的优质饲草资源遭到破坏，导致部分羊营养不良，生产性能下降。尤其是冬春季，饲草短缺问题突出，肉羊无草可食，自身免疫力下降，肉羊病死、饿死的现象时有发生。由于缺乏优质高产的饲料加工技术，导致肉羊专用饲料品种单一；青贮技术不完善，导致秸秆等资源丰富的农作物副产品无法转化为优质饲草进行利用；饲料中添加剂、药物等的滥用时有发生。饲草供应及其安全问题突出，导致肉羊营养不良，以及妊娠母羊流产、羔羊白肌病、低出生体重等营养性疾病的发生，严重影响肉羊的生产性能、产量和肉质。

　　羊常用饲料可分为四类：植物性饲料、动物性饲料、矿物性饲料和特种饲料，营养特性多样。植物性饲料是绵羊的基础饲料，根据饲料来源、营养成分浓度和含水量分为绿色多汁饲料、粗干饲料和高精饲料。绿色多汁饲料的主要营养特征是营养成分浓度足够，但干物质较少，功效价值较低。粗干饲草的主要营养特征是其粗纤维浓度高，可以使绵羊有饱腹感，但其营养利用价值相对较低，尤其是蛋白质含量较低。优质饲草包括粮食作物的种子和加工副产品。禾本科植物种子中含有大量的淀粉，可作为高能饲料。豆科种子富含蛋白质，可作为蛋白质饲料。动物饲料蛋白质含量高，必需氨基酸齐全，是一种很好的蛋白质补充饲料。矿物饲料也可用于补偿绵羊养殖中钙、磷、钠和氯等元素的缺乏。尽管在实际饲养中使用的特殊饲料数量很少，但它对调节肉羊体内代谢和提高饲养效率具有至关重要的意义。

　　粗干饲料是畜牧绵羊的基本放牧饲料，在农业地区，主要有粮食作物秸秆和各种干草。由于秸秆质地粗糙坚硬，适口性差，营养物质经济价值低，消化吸收效率低，如果通过放牧喂养，将大大降低肉羊的生产性能。因此，实施放牧饲料的加工调控，提高饲料的适口性、消化吸收率，是提高肉羊经济效益的有效途径。如果在秸秆的利用中采用青贮技术，可以有效地保留绿色饲草的营养成分。普通青饲料干燥后的营养损失约为30%～50%，但采用青贮技术后，饲料质量得以稳定和保存，仅损失约10%。此外，青贮饲料具有酸香味，细腻多汁，可以提高肉羊的摄入率和消化吸收率。此外，如果添加适量的尿素对青贮饲料进行改性，还可以显著提高青贮饲料中粗蛋白的含量。秸秆氨化可显著提高秸秆等粗饲料中的蛋白质浓度，且其品质优良、口感黏稠、适口性好。它可以使牲畜的采食量和有机物消化吸收率提高20%以上。由于畜禽饲料加工调制方式多样，养殖户可根据自身实际情况，对劣质畜禽饲料实施科学合理的加工调制。

　　在绵羊的整个生长阶段，饲料应含有足够的蛋白质、油脂、维生素和微量元素。肉羊的日粮一般分为四大部分：植物性粗饲料、动物性饲料、矿物性饲料和各种添加剂饲料，每种饲料的营养特性也不同。在许多饲养者的日粮配置中，由于单纯考虑运营成本，忽视了饲料配置的多样性，饲养方式相对单一，主要考虑作物秸秆和草地干草的利用，限制了精饲料的使用，无法满足肉羊体内各种营养物质的需要，导致肉羊生长缓慢，饲养效率极低。

　　日粮中的营养成分是保证母羊产后泌乳充分发挥的物质基础。如果母羊的饮食搭配不当，可能会导致母羊缺乏某些营养，导致产后乳汁流失或乳汁不足。特别是如果能量和蛋白质的营养水平不合适，无论是过高还是过低都会对产奶造成影响。如果母羊的营养水平过高，就会导致脂肪在乳腺中过度沉积，引起泌乳性能不佳。但是，如果母羊的营养摄入不足，就会导致母羊过于瘦弱，导致泌乳的能量储备不足。单一类型的饲料会导致母羊消化不良，造成消化功能障碍和饲料摄入量减少，从而导致产奶量减少。此外，饲养母羊时缺乏块根和块茎饲料，以及绿色饲料的营养价值低均是降低生产性能的因素之一。

1.2.2　羊场日常管理技术欠缺

　　饲养管理技术是改善绵羊生产效率的重要措施。在一些养殖企业中，存在忽视养殖技术重要性的现象，特别是一些从事家庭养殖的养殖人员文化水平低，缺乏养殖专业技术知识，对新技术的理解、接受和应用能力差，养殖管理粗放，养殖技术不到位，使一些先进的养殖管理技术难以在生产中推广应用，不能满足现代绵羊生产的要求。因此，养羊的生产性能不能得到充分利用，大大削弱了养羊的经济效益。

提高管理效率主要有以下几个方面：①肉羊群的分组管理。传统的公、母、大、小混合的羊群，饲草和饲料品种单一，导致生长性能不均，非法无序交配现象严重。因此，应采用现代肉羊管理技术，坚持雌雄分开、大小分开。日常管理包括阉割、除角、刷洗、修蹄、运动、驱虫、药浴、编号、称重、放牧等方面。羔羊、怀孕绵羊和种公羊也需要根据其生理特性和营养需求进行特殊管理。②饲养多样化饲草，推广日粮配合技术。根据肉羊的营养需求，坚持以青贮为主要原料，做到青与干、细与粗相结合，尽可能充分合理利用当地杂草、秸秆、树叶、农副产品和加工副产品资源。根据不同生理阶段和生产目的的营养需求和消化特性，科学选择牧草和饲料类型，确定合理的配比和加工工艺，达到降低成本和节约饲料的目的。③选择合适的养殖规模，推广集约化养殖新技术。根据农业地区的具体实际情况，农村家庭养羊的规模不应该太大。适度规模饲养母羊 50～100 只，育肥羊 20～500 只为宜。④推广标准化羊棚。根据肉羊的生理特点，建设标准化的羊棚，有利于新技术的应用和肉羊的生产需求，进一步提高其效益。⑤全面的疾病预防和控制措施。坚持预防为主、治疗为辅的方针，结合当地疫情形势，做好疾病预防和治疗工作，确保绵羊健康，避免不必要的损失。

1.2.3　羊疾病的预防和治疗方法不完善

防疫免疫是舍饲养羊管理中的重要生产环节，是提高舍饲养羊生产效益的重要保证。因此，在舍饲养羊生产管理中，饲养管理人员必须严格遵守防疫免疫制度，加强进出羊舍人员的消毒管理等；在生产管理中采取预防为主的原则，树立防重于治的思想，坚持以防为主、防治结合的方针定期对羊舍进行消毒，注射各类疫苗和每年春秋两次的体内外驱虫，杜绝各种传染性疫病的发生和传播。

1.2.4　母羊的培育和管理不足

　　饲养和管理条件的质量以及营养条件的差异会影响母羊的繁殖力。营养条件好的、肥壮的母羊，发情正常、规律，排卵增加，可以提高产羔率，增加繁殖羔羊数量。因此，在配种前进行短期优化饲养可以提高母羊的双羔率。即在配种之前，每天每只羊补充 0.4~0.5 kg 精料，可以使第一发情期的发情率提高到 95% 以上，使双羔率提高 40% 左右。中国幅员辽阔，草原类型多样。除少数热带和亚热带地区外，由于气候的季节性变化，大多数地区的牧草生长存在季节性不平衡。尤其是在中国的北部和高海拔地区，这种季节性失衡更加严重。在干草季节，绵羊缺乏足够的食物摄入，身体虚弱，会影响它们的繁殖受孕率和产羔存活率。

　　在怀孕期间，母亲的营养摄入如果不能满足孕期的需要，母畜会调动自身的营养储备，特别是脂肪组织，以维持胚胎发育的各种营养和能量的需求，从而缓冲不利的外部环境对胚胎发育的影响。在妊娠早期，由于胎儿发育缓慢，与空怀期相比，所需营养素没有显著差异。因此，应遵循空孕期的喂养方法，重点仍然是增加体重和保持良好的体脂。在夏季，饲粮仍然以草为主，可以根据母羊的脂肪状况决定是否补充精制饲料。冬季，由于缺乏绿色饲草，饲草的营养价值下降，无法满足种羊的营养需求。因此，有必要考虑补充精制饲料。在繁殖方面，重点应该放在保护胎儿上。夏季不喂发霉变质的饲草，冬季不喂冰饲草和霜草，也不喝冰水，以免流产。在旱季，主要的粗饲料是秸秆，因此应将精料的量适当增加到每只羊每天 0.5~1 kg。妊娠后期是指怀孕后两个月。妊娠后期饲养管理是母羊饲养管理的主要环节和重要时期。这个阶段，胎儿的生长发育速度非常快，90% 的羔羊出生体重是在怀孕后期形成的，毛囊的形成也处于这个阶段。这一阶段的饲养管理质量不仅影响胎儿的生长发育、羔羊的出生体重和体格、羔羊出生后的发育和生产性能，还影响怀孕母羊的产后泌乳性能。因此，在妊娠后期，为了保证胎儿的正常发育，为产后泌乳储备营养，有必要加强对怀孕母羊的喂养和管理。

1.2.5　肉羊产业体系建设滞后

　　目前，世界上许多羊养殖业发达的国家，如美国、新西兰、澳大利亚等，都采用肉羊品种作为末端杂交父本进行多元杂交模式来进行优质羊肉的生产。我国肉羊生产体系仍处于早期阶段，主要表现为肉羊品种覆盖率低、养殖规模小、棚舍饲利用率低、胴体瘦肉率低等；肉羊屠宰分散，加工企业规模相对较小，缺乏大型羊肉深加工企业的带动；加工企业的技术水平相对较低，初加工多，精加工少；肉类保鲜和优质高端羊肉的生产加工技术缺乏，羊肉产品质量不稳定等方面，不能满足市场要求和消费者需求。更科学的羊肉分级标准尚未建立，优质、高性价比的羊肉产品机制尚未形成，降低了产品潜在的增值效益。羊肉屠宰、加工和销售的长产业链增加了流通成本，生产、加工、销售一体化程度不高，脱节现象比较突出。缺乏大型羊肉物流企业，导致产品供应季节性不稳定。

1.3　母羊繁殖性能的影响因素和提高繁殖效率的措施

1.3.1　主要影响因素

与动物季节性繁殖相关的因素可分为内在因素和外在因素。内在因素与动物的基因型有关，而外在因素则与环境有关。此外，由于管理制度和物理环境的不同，牲畜的繁殖性状也存在差异。控制影响这些性状的环境因素或提高动物的遗传潜力可以降低首次产羔的年龄，提高受胎率和双羔率。营养和繁殖管理实践的变化也会影响绵羊的繁殖。

1.3.1.1　生殖和非遗传因素

通过了解影响牲畜繁殖性状的因素，可以改善这些性状。因此，有必要研究非遗传效应对具有经济意义的性状（如繁殖性能）的影响。这些非遗传因素可分为具有可测量影响的因素，如胎次、母体重、损伤和产犊季节，以及不具有可测量影响的因素，例如感染。关于母羊体重对羔羊的影响已经进行了广泛的研究。Mishra 等，Singh 等，以及 Muhammad 等都发现母羊产羔时的体重对出生体重有显著影响。Prince 等报道称，较重的母羊能产下体重较重的羔羊，因为它们的营养水平更好，并且有更多的子宫空间供胎儿生长。

此外，影响生殖性状的其他非遗传因素包括控制褪黑激素分泌的光周期变化。褪黑激素刺激下丘脑、垂体和性腺轴内的受体，并可以通过影响基因表达来调节母羊的繁殖季节性和产仔数。一般来说，当光周期减少时，绵羊的性行为高度活跃，而当光周期增加时，绵羊的繁殖处于静止状态。此外，绵羊品种具有季节性繁殖模式，与一年中不同季节的光周期长度相关。Babar 等报告了出生年份和季节、年龄和出生类型对欧拉羊各种繁殖性状的显著影响，Khan 等报道了在朗布依埃羊上的类似发现。Merlot 等和 Shamsa 等也观察了这些因素对杜泊羊和阿瓦西母羊的影响。一般来说，初产母羊的生产力低于两胎或以上的母羊，易受出生月份、地区和季节的影响。

Josh 等指出，生产和繁殖性状因受孕年龄、是否第一次产羔、产羔间隔和产仔数而异。首次交配时的年龄和体重被认为是增加后备母猪产仔数的关键因素。育种者通常使用后备母猪首次交配的年龄来衡量母猪繁殖性能。此外，小母牛的繁殖性能取决于其第一次产犊的年龄。在畜牧业中，产仔数较大的动物品种更加受欢迎。每只母羊的产羔数是母羊生产效率的重要指标，但由于母羊的繁殖能力和羔羊的存活率，断奶羔羊的数量对绵羊生产的影响更大。产仔数是家畜繁殖中最重要的表型性状，受排卵率和激素以及繁殖力基因的影响。排卵率和排卵期间从卵泡释放的卵母细胞数量与窝产仔数直接相关。此外，该卵母细胞被颗粒细胞和卵泡膜细胞包围，在排卵期间分泌雌激素和孕激素，这会影响窝产仔数。不同品种绵羊的产仔数也有所不同，如特克塞尔羊和萨福克羊产单胎，而布罗拉羊和美利奴羊则产多胎。除了遗传差异外，损伤和胎次也会影响绵羊的产羔数。产仔数很大程度上受母羊年龄的影响。另一方面，其他研究报道，随着胎次的增加，产仔数也随之增加，第五胎时的产仔数也随之增加，其中最高产仔数通常在 4 岁至 8 岁之间达到。产羔数较大的绵羊对羊群生产力有显著贡献，可通过遗传改良提高肉类生产力。

光照和温度会对羊的繁殖力产生重要的影响。种公羊在夏季气温较高时，其睾丸及附睾温度可能会超过其温度可调节的范围，因此，生精能力和精液品质都会明显下降。母羊在夏季高温和冬季严寒的天气条件下，一般发情较少。而在春秋两季，母羊发情较为集中。有些绵羊品种则只在日照时间逐渐变短、气温下降的秋季和初冬季发情，光照逐渐增长的春季则较少发情。在饲养环境条件较好的地区，如河南、山东、四川等中部地区，绵羊、山羊产羔率通常在 $200\%\sim300\%$，达到每年 2 产或者 2 年 3 产，但在西藏、内蒙古等地，因气候环境原因，绵山羊产羔率多为 70% 左右，且为 1 年 1 产。

营养是影响母羊繁殖力高低的一项重要因素，提供给母羊的营养是否充足、全面、均衡直接影响母羊的发情、配种、受胎以及羊羔的成活率。其中对繁殖力影响最大的是能量和蛋白质，其次还有矿物质和维生素。羊的营养状况较易受到饲料条件的影响，对于羔羊而言，长期能量供给不足，会影响羔羊的生长发育，导致初情期、性成熟延迟，缩短有效繁殖年限。而对于青年母畜会导致其安静发情，不易进行发情鉴定；成年母畜会出现发情不规律、排卵数减少，错过最佳的配种时间。营养水平的高低直接影响母羊的体况和膘情，一般情况下，母羊膘情好，则发情早、排卵多、产羔多；反之则产羔少、繁殖障碍病发病率也高。在配种之前，母羊平均体重每增加 1kg，其排卵率提高 2%～2.5%，产羔率则相应提高 1.5%～2%。如果饲料中蛋白质缺乏，会导致羊食欲下降，从而影响能量的摄入，使羊体重下降，发情期推迟。配种后，受胎率降低，甚至影响妊娠。在矿物质元素中，对繁殖力影响较大的是磷，对于青年羊，缺磷会引起卵巢机能障碍，初情期推迟，而对成年母羊，可造成发情症状不明显，发情周期不规律，甚至导致发情完全停止。另外，维生素也会影响羊的繁殖力，比如，维生素 A、维生素 E 跟母羊性激素的产生有关，缺乏维生素 A 会导致母羊排卵数减少，产羔数降低，甚至引起母羊流产、产弱胎、死胎及发生胎衣不下等。

不能正确地判断母畜是否发情以及配种时间不当是影响繁殖力的重要因素。另外，在人工授精过程中，精液的采集、处理、保存、输精等技术环节不当都会降低精子的受精能力而影响受胎率。繁殖管理对羊繁殖力的影响主要包括配种时机的把握、输精的技术水平、妊娠管理、分娩和助产、产后管理以及繁殖障碍防治等方面。这些因素均会对繁殖指标造成影响。羊的年龄、健康状况等也会对羊的繁殖造成影响。母羊的产羔率通常会随着年龄的增长而提高，一般情况下，壮年母羊的繁殖力较高，产羔数量也比较多，并且初生羔羊的体质也较好。母羊繁殖性能最佳的年龄段是 3～6 岁。

1.3.1.2 繁殖性能与遗传因素

绵羊或山羊因为品种的不同，其繁殖力也存在较大的差异。受遗传的影响，母羊的繁殖力在不同品种之间，以及同一品种的不同个体间存在较大的差异。在绵羊中，小尾寒羊的繁殖率比较高，可达到270%或更高，2年可产3胎或接近年产2胎，且遗传性能比较稳定，其杂交后代仍可保持多胎性能。山羊中，槐山羊、南江黄羊、马头山羊繁殖率较高，可达300%左右，2年可产3胎或接近年产2胎。绵山羊繁殖年限为5～8年。另外，公羊的精液品质好坏也对母羊繁殖力起着很大的间接影响，精液品质会影响母羊的受胎率及受精后胚胎的质量。

　　排卵率和产仔数是农场动物的重要繁殖性状，具有较高的经济价值，它们受到繁殖力基因（*Fec*）的遗传控制。这些繁殖力基因的变异显著增加了绵羊的排卵率。其中三个基因是转化生长因子 β（TGFβ）基因超家族的成员。这些基因是骨形态发生蛋白受体 1B 型（*BMPR-1B*）、骨形态发生蛋白 15（*BMP15*）和生长分化因子 9（*GDF9*）。这些生长因子能刺激颗粒细胞增殖，调节其他生长因子和激素，并影响卵泡生长。反过来，这些蛋白质很可能通过与卵巢中的 1 型受体（BMPR-1A、BMPR-1B 或 TGFβR1）结合来发挥其生物学影响，然后与 2 型受体（BMPR-2）结合。GDF9 和 BMP15 可刺激卵泡生长并有助于调节排卵率和窝产仔数。几种牲畜的卵母细胞中这些蛋白质的含量很高，它们对于雌性生育力和多次排卵至关重要。此外，即使当卵泡刺激素（FSH）水平下降时，*BMP15* 和 *GDF9* 表达的变化也促使更多卵泡产生黄体生成素受体（LHR），并使杂合动物中的雌性释放更多卵子。相比之下，*BMP15* 和 *GDF9* 突变纯合的母羊表现出对卵泡生长的早期抑制，并通过抑制 FSH 受体的表达来降低颗粒细胞对 FSH 的敏感性。

　　遗传改良可以通过识别与繁殖特征相关的多态性来实现，以增加产仔数和繁殖效率，并且对于研究动物繁殖遗传学和生理学非常有用。在一些绵羊品种中，*BMP15*、*GDF9* 和 *BMPR-1B* 的突变已被确定为与排卵和卵泡发育相关的繁殖基因。然而，这些生育力基因的突变以不同的方式影响排卵率和产仔数。*BMP15* 对湖羊和美利奴羊繁殖力的影响有限，但对小尾寒羊繁殖力影响显著。*BMP15* 与因弗代尔羊、拉科恩羊、贝尔克莱尔羊和小尾寒羊的繁殖力有关。已知八种遗传变异（*FecXL*、*FecXB*、*FecXR*、*FecXI*、*FecXH*、*FecXGr*、*FecXO* 和 *FecXG*）对 *BMP15* 基因的窝产仔数和排卵率有显著影响。此外，*BMP15* 突变的卵巢中也有类似的 *GDF9* 表达，尽管 *GDF9* 突变更能提高动物的排卵率。*GDF9* 的 *FecGE* 和 *FecGF* 突变基因影响排卵率和产仔数等繁殖性状，而 *FecGH*、*FecGT* 和 *FecGV* 的突变会导致杂合子母羊排卵率和产仔数增加以及纯合子携带者不孕。*FecB* 基因在 830 位（A 到 G）发生突变，导致卵母细胞和颗粒细胞中表达的 BMPR-1B 中精氨酸转变为谷氨酰胺。此外，当 Booroola 美利奴品种的 BMPR-1B 中携带 *FecB* 突变时，*FecB* 基因的一个或两个拷贝的携带者具有较高的排卵水平和产仔数。

1.3.2 提高繁殖效率的措施

1.3.2.1 加强选种

选育优秀的种羊是提高羊群繁殖力的前提条件，坚持长期选育可以提高整个羊群的繁殖性能。母羊的繁殖力与遗传有着密切的关系，良好的遗传性能会稳定遗传给后代，因此在种羊的留种过程中要注意选留那些产双羔及多羔的种母羊的后代，这样后代产双羔及多羔的概率会明显增加，从而提高羊群的繁殖力。

1.3.2.2 进行科学的杂交改良和合理引种

以高繁殖力品种为母本、良种公羊为父本生产杂种商品羊。选择适应当地环境、繁殖力高、基础数量大的品种作为母本，用优良品种公羊进行杂交改良，既可以提高母羊的繁殖力，又能提高其后代的生产性能。以肉羊生产为例，用高繁殖力的小尾寒羊作为母本，用杜泊公羊作为父本，进行杂交繁育，既充分利用了小尾寒羊适应性好、繁殖力高的优势，又提高了杂种羔羊的初生重、生长速度和羔羊成活率。

结合目前以肉羊为主体的养羊业发展，黄河和长江之间的地区，农产品资源丰富。绵羊中，小尾寒羊最为适合在该地区养殖，可以利用引入品种，如杜泊羊、特克赛尔羊、无角陶塞特羊、东弗里生羊为父本，与小尾寒羊杂交生产 F_1 代，具有早期生长速度快、肉质好等优点，同时也保证了高繁殖性能。长江以南可以选择湖羊，湖羊能适应当地的气候环境，可以更好地发挥其生产性能。

1.3.2.3 科学的饲养管理

营养水平的高低直接影响羊群的繁殖力，因此，在生产中不论是公羊还是母羊，都应供给营养丰富、均衡的日粮，使羊保持健康、适中的体况，充分发挥其繁殖潜力。另外，羊舍应采用漏缝地板，做好羊舍夏季的防暑降温，加强舍内通风换气，保证空气质量，给羊群提供一个舒适的生活环境，羊群的生殖健康水平也会有所提高。

1.3.2.4 科学的繁殖管理

合理的羊群结构是实现羊群高效生产的必要条件，繁殖母羊在群体中所占的比例太小，对养羊效益影响很大，一般可繁殖母羊的比例应占整个羊群 60% 以上。母羊最佳生育状态在 5 岁左右，随后生育能力会随年龄增长而逐渐下降，并且出现一些繁殖障碍，繁殖成活率会大大下降。因此，应该及时淘汰羊群中的老、弱、病、残羊，补充一些青壮年母羊。

在生产中，每只母羊的繁殖情况都要有详细的记录，并经常查看，若发现母羊出现发情异常、屡配不孕等情况时，应及时查明原因并对症治疗，若经 3 个以上情期治疗没有效果，应将母羊淘汰。同时还应注意观察母羊的体况、健康以及把握好最佳的配种时机，来提高母羊的受配率。

母山羊配种结束后 18～22 d（绵羊 15～19 d），应注意通过试情检查母羊是否返情，50 d 左右可结合 B 超进行准确的妊娠诊断。确诊妊娠的母羊要按妊娠母羊的饲养标准精心饲养，妊娠前 3 个月做好保胎工作，以防母羊流产。同时注意天气变化，在遇到大风、严寒等极端天气变化时，及时做好防护措施。要做好母羊的免疫接种工作，防止因各种传染病造成的母羊流产。

提前做好母羊分娩前的准备，正确进行助产，可以降低分娩过程中母羊和羔羊的死亡率。产后母羊要精心护理，饮温水，供给适宜的饲草饲料。初生羔羊要及时清理口腔和鼻腔中的黏液，哺喂充足的初乳。对于初生重小、体质弱的羔羊要注意保暖，必要时可进行人工哺乳。

哺乳会抑制母羊发情，科学合理地对羔羊进行早期断奶，有利于母羊产后发情，从而避免因其断奶过晚，母羊发情延迟，错过配种季节。

每只母羊都应该有完整准确的繁殖记录，耳标应该清晰明了，便于观察。繁殖记录表格简单实用，可使饲养员能将观察的情况及时、准确地进行记录，包括羊的发情周期的情况、配种情况、妊娠情况、生殖器官的检查情况、父母亲代资料、后代情况、预防接种和药物使用，以及分娩、流产的时间及健康状况等。

充分利用一些繁殖新技术，如人工授精、同期发情、超数排卵和胚胎移植等，可以大大缩短母羊的繁殖周期和产羔间隔时间，提高产羔频率和受胎率，增加每胎产羔数，充分发挥优良母羊的繁殖潜力。

参考文献

[1] Albenzio M，Santillo A，Avondo M，et al. Nutritional properties of small ruminant food products and their role on human health [J]. Small Ruminant Research，2016，135：3-12.

[2] Aldridge M E，Fearon J E，Haynes B P，et al. Solutions for grand challenges in goat and Sheep

Production [J]. Biotropia, 2018, 26（1）: 55-64.

[3] Amills M, Capote J, Tosser-Klopp G. Goat domestication and breeding: a jigsaw of histori-
cal, biological and molecular data with missing pieces [J]. Animal genetics, 2017, 48（6）:
631-644.

[4] Anaeto M, Adeyeye J A, Chioma G O, et al. Goat products: Meeting the challenges of hu-
man health and nutrition [J]. Agriculture and Biology Journal of North America, 2010, 1
（6）: 1231-1236.

[5] Assan N. Effect of litter size（birth type）on milk yield and composition in goats and sheep pro-
duction [J]. 2020, 9（7）: 635-643.

[6] Babar M E, Javed K. Non-genetic factors affecting reproductive traits in Lohi sheep [J]. Acta
Agriculturae Scand Section A, 2009, 59（1）: 48-52.

[7] Buzanskas M E, Grossi D A, Ventura R V, et al. Candidate genes for male and female repro-
ductive traits in Canchim beef cattle [J]. Journal of animal science and biotechnology, 2017,
8（1）: 1-10.

[8] Chemineau P, Guillaume D, Migaud M, et al. Seasonality of reproduction in mammals: inti-
mate regulatory mechanisms and practical implications [J]. Reproduction in Domestic Ani-
mals, 2008, 43: 40-47.

[9] De Smet S, Vossen E. Meat: The balance between nutrition and health. A review [J]. Meat
Science, 2016, 120: 145-156.

[10] Duan C, Xu J, Sun C, et al. Effects of melatonin implantation on cashmere yield, fibre char-
acteristics, duration of cashmere growth as well as growth and reproductive performance of In-
ner Mongolian cashmere goats [J]. Journal of animal science and biotechnology, 2015, 6
（1）: 1-6.

[11] Ekiz B, ÖZCAN M, Yilmaz A, et al. Estimates of phenotypic and genetic parameters forewe
productivity traits of Turkish Merino（Karacabey Merino）sheep [J]. Turkish Journal of Vet-
erinary & Animal Sciences, 2005, 29（2）: 557-564.

[12] Galal S, Gürsoy O, Shaat I. Awassi sheep as a genetic resource and efforts for their genetic im-
provement—A review [J]. Small Ruminant Research, 2008, 79（2-3）: 99-108.

[13] Iber D, Geyter C D. Computational modelling of bovine ovarian follicle development [J].
BMC systems biology, 2013, 7（1）: 1-24.

[14] Imran F S, Al-Thuwaini T M, Al-Shuhaib M B S, et al. A novel missense single nucleotide
polymorphism in the GREM1 gene is highly associated with higher reproductive traits in Awassi
sheep [J]. Biochemical Genetics, 2021, 59（2）: 422-436.

［15］Javed M，Babar M E，Nadeem A，et al. Identification of single nucleotide polymorphisms in OLR1 gene in Nili Ravi buffalo［J］. Editorial Board，2013，701-705.

［16］Joshi A，Kalauni D，Bhattarai N. Factors affecting productive and reproductive traits of indigenous goats in Nepal［J］. Archives of Veterinary Science and Medicine，2018，1（1）：19-27.

［17］Khan N N，Assad N，Kumar N，et al. Non-genetic factors effecting reproduction traits in Rambouillet sheep［J］. International Journal of Current Microbiology and Applied Sciences，2017，6（8）：3698-3704.

［18］Koketsu Y，Iida R，Piñeiro C. Increased age at first-mating interacting with herd size or herd productivity decreases longevity and lifetime reproductive efficiency of sows in breeding herds［J］. Porcine Health Management，2020，6：1-10.

［19］Kridli R T，Abdullah A Y，Obeidat B S，et al. Seasonal variation in sexual performance of Awassi rams［J］. Animal Reproduction（AR），2018，4（1）：38-41.

［20］Kumar S，Dahiya S P，Magotra A，et al. Genetic markers associated with fecundity in sheep［J］. International Journal of Science，Environment and Technology，2017，6（5）：3064-3074.

［21］Lee S H，Hosseindoust A，Choi Y H，et al. Age and weight at first mating affects plasma leptin concentration but no effects on reproductive performance of gilts［J］. Journal of animal science and technology，2019，61（5）：285-293.

［22］Malpaux B，Migaud M，Tricoire H，et al. Biology of mammalian photoperiodism and the critical role of the pineal gland and melatonin［J］. Journal of biological rhythms，2001，16（4）：336-347.

［23］Mellado J，Marín V，Reyes-Carrillo J L，et al. Effects of non-genetic factors on pre-weaning growth traits in Dorper sheep Managed Intensively In Central Mexico［J］. Ecosistemas y recursos agropecuarios，2016，3（8）：229-235.

［24］Mohammadi G. Determination of FecX，FecB and FecGHmutations in Iranian Arabic sheep［J］. Basrah Journal of Veterinary Research，2016，15（3）：435-445.

［25］Montgomery G W，Galloway S M，Davis G H，et al. Genes controlling ovulation rate in sheep［J］. Reproduction：The official journal of the Society for the Study of Fertility，2001，121（6）：843-852.

［26］Montossi F，Font-i-Furnols M，Del Campo M，et al. Sustainable sheep production and consumer preference trends：Compatibilities，contradictions，and unresolved dilemmas［J］. Meat science，2013，95（4）：772-789.

19

［27］Notter D R, Mousel M R, Leeds T D, et al. Effects of rearing triplet lambs on ewe produc-
tivity, lamb survival and performance, and future ewe performance ［J］. Journal of animal
science, 2018, 96（12）: 4944-4958.

［28］Notter D R. Genetic aspects of reproduction in sheep ［J］. Reproduction in Domestic Ani-
mals, 2008, 43: 122-128.

［29］Pramod R K, Sharma S K, Kumar R, et al. Genetics of ovulation rate in farm animals ［J］.
Veterinary World, 2013, 6（11）: 833-838.

［30］Riofrio E L A, Ferraz J B S, Mattos E C. Influence of non-genetic factors on growth and re-
productive traits of sheep Santa Inês in extensive systems ［J］. Development, 2016, 28
（7）: 121.

［31］Sañudo C, Muela E, del Mar Campo M. Key factors involved in lamb quality from farm to fork
in Europe ［J］. Journal of Integrative Agriculture, 2013, 12（11）: 1919-1930.

［32］Shakyawar D B, Raja A S M, Kumar A, et al. Pashmina fibre—Production, characteristics
and utilization ［J］. 2013.

［33］Souza C J H, MacDougall C, Campbell B K, et al. The Booroola（FecB）phenotype is asso-
ciated with a mutation in the bone morphogenetic receptor type 1 B（BMPR1B）gene ［J］.
Journal of Endocrinology, 2001, 169（2）: R1-R6.

［34］Tao L, He X, Wang X, et al. Litter size of sheep（Ovis aries）: Inbreeding depression and
homozygous regions ［J］. Genes, 2021, 12（1）: 109.

［35］Tec Canché J E, Magaña Monforte J G, Segura Correa J C. Environmental effects on produc-
tive and reproductive performance of Pelibuey ewes in Southeastern México ［J］. Journal of
Applied Animal Research, 2016, 44（1）: 508-512.

［36］Tuncer S S. Some cashmere characteristics of hair goats raised in Van province ［J］. Austral
journal of veterinary sciences, 2018, 50（3）: 125-128.

［37］Wang Z, Wang R, Zhang W, et al. Estimation of genetic parameters for fleece traits in year-
ling Inner Mongolia Cashmere goats ［J］. Small Ruminant Research, 2013, 109（1）:
15-21.

［38］Watkins P J, Kearney G, Rose G, et al. Effect of branched-chain fatty acids, 3-methylindole
and 4-methylphenol on consumer sensory scores of grilled lamb meat ［J］. Meat Science,
2014, 96（2）: 1088-1094.

［39］Williams S A, Stanley P. Mouse fertility is enhanced by oocyte-specific loss of core 1-derived
O-glycans ［J］. The FASEB journal: official publication of the Federation of American Socie-
ties for Experimental Biology, 2008, 22（7）: 2273-2284.

[40] 曹志刚，乌林花，张金禄. 提高肉羊繁殖力的几项技术措施 [J]. 当代畜禽养殖业，
    2018（02）：24-25.

[41] 杜立新. 未来可期，新动能，新趋势——羊产业与育种技术发展 [J]. 饲料与牧，
    2018（12）：5-9.

[42] 侯百枝，王跃卿，于新峰. 影响农村规模养羊效益的因素浅析 [J]. 安徽农学通报，
    2005（03）：55-78.

[43] 黄玉富，叶得明. 农区舍饲养羊高效生产管理模式探析 [J]. 养殖与饲料，2008
    （05）：133-134.

[44] 解庆国，范敬常. 提高小尾寒羊繁殖率的综合措施 [J]. 养殖技术顾问，2011
    （09）：34.

[45] 李高武，毕秀军. 提高肉羊繁殖力的技术措施 [J]. 山东畜牧兽医，2016，37
    （08）：15.

[46] 刘海燕，王秀飞，王彦靖，等. 秸秆青贮饲料在我国肉羊生产中的应用研究 [J]. 饲
    料广角，2018（03）：38-39+44.

[47] 刘宏伟. 浅谈我国养羊业发展状况 [J]. 吉林畜牧兽医，2021，42（06）：74.

[48] 刘泉，刘伟忠，花卫华，等. 羊场生产管理的技术问题 [J]. 畜牧与饲料科学，
    2013，34（02）：92-93.

[49] 刘秀芹，由烽. 绵羊繁殖力的影响因素及提高途径 [J]. 当代畜禽养殖业，2013
    （08）：27-28.

[50] 刘亚南，康军，白雪梅. 提高小尾寒羊繁殖率的措施 [J]. 养殖技术顾问，2013
    （08）：70.

[51] 刘玉凤，王明利，石自忠，等. 我国肉羊生产技术效率及科技进步贡献分析 [J]. 中
    国农业科技导报，2014，16（03）：156-161.

[52] 刘征，庞连海. 我国养羊业的基本现状及发展前景 [J]. 中国畜禽种业，2012，8
    （05）：19-20.

[53] 马鹏燕，高锐. 影响母羊繁殖力因素的分析及对策建议 [J]. 中国畜牧兽医文摘，
    2014，30（09）：69.

[54] 马运振. 我国牛羊产业发展的趋势 [J]. 当代畜牧，2016（08）：22-23.

[55] 史贵丽，宋富琴，李文娟. 我国养羊业的发展现状、存在的问题与对策 [J]. 养殖技
    术顾问，2009（07）：155.

[56] 田贵丰，王成强. 羔羊舍饲高效生产存在的问题及技术探讨 [J]. 甘肃畜牧兽医，
    2020，50（04）：57-58.

[57] 王洪煜. 基于生产效率视角的中澳肉羊产业国际竞争力比较研究 [D]. 山东农业大

学，2018.

[58] 王吉峰，谷旭，牛力斌，等. 我国北方农区玉米青贮与黑麦草复种生态养羊模式探索 [J]. 中国饲料，2018（05）：80-83.

[59] 王士权. 中国肉羊产业市场绩效研究 [D]. 中国农业大学，2017.

[60] 王武. 肉羊繁殖力的影响因素及其提高措施 [J]. 现代畜牧科技，2016（08）：76.

[61] 王雪娇，肖海峰. 我国农牧户肉羊生产配置效率及影响因素分析 [J]. 干旱区资源与环境，2018，32（03）：88-93.

[62] 王雪娇，肖海峰. 我国肉羊生产的全要素生产率增长及其收敛性分析 [J]. 农林经济管理学报，2018，17（02）：185-193.

[63] 王雪娇，肖海峰. 我国肉羊生产技术效率空间关联测度及其影响因素研究 [J]. 中国畜牧杂志，2016，52（18）：56-61.

[64] 薛平，李军. 我国肉羊生产重心演变路径研究 [J]. 中国农业资源与区划，2020，41（07）：85-93.

[65] 杨永萍. 我国养羊业发展现状及展望 [J]. 甘肃畜牧兽医，2014，44（06）：4-6+12.

[66] 姚巧粉，吴金亮，高新，等. 精准营养技术在我国肉羊生产中的应用 [J]. 饲料与畜牧，2015（04）：14-17.

[67] 于景文，张杰. 提高家畜繁殖力的措施 [J]. 中国畜禽种业，2013，9（07）：69-70.

[68] 张贺春. 我国肉羊生产的工业化之路 [J]. 北方牧业，2023（13）：6.

[69] 张立元，耿雪茁. 提高可繁母羊繁殖率的几项措施 [J]. 中国畜禽种业，2010，6（08）：60-61.

[70] 张茂伦. 我国肉羊生产区域发展变迁比较分析 [J]. 当代经济，2019（07）：94-98.

[71] 张小敏. 提高羊繁殖力的措施 [J]. 养殖与饲料，2023，22（06）：51-53.

[72] 张英杰. 我国羊产业发展形势分析 [J]. 饲料工业，2020，41（21）：1-4.

[73] 张志明. 提高肉用种公羊繁殖力的措施 [J]. 现代畜牧科技，2016（05）：9.

第2章

母羊产前产后的营养代谢特点

2.1 母羊的生理特性

2.1.1 生物学特性

通常，羊不怕冷，但对于热非常敏感，相比其他生物，羊更喜欢湿润、温暖的气候。羊生性懦弱、胆小，容易受惊。母羊的母性比较强，性情温顺，比较易于调教。羊的眼处于整个头部的最外部，瞳孔也是非常大的，呈水平状，因此羊具有一个非常开阔的视野，一般是 $190°\sim306°$，但对于三维立体的感知非常差。处于运动状态的羊为了看清楚某个物体，往往都需要蹲下来仔细观察才能够看清楚。羊比较喜欢处于光照较好的地方，对于光线反差效果较大的景象以及一些阴影都具有一种畏惧感。它们可以明确辨别色彩，但是没有我们人类对于颜色的感知能力强。羊具有很好的听觉能力，如果周围的环境当中一旦出现一些比较大的声音，羊自身就会陷入一种无限恐慌的状态。

羊嗅觉能力发达，人类是远远比不上它们的。它们之所以能够明确地辨别植物的种类以及饮用水的干净程度就是依靠着自己发达的嗅觉。母羊则可以通过嗅觉来辨别羔羊，公羊如果想要找到母羊，同样也要依靠着自己灵敏的嗅觉。所以在这种情况下，视觉以及听觉的存在仅仅起到了一种辅助的作用。在生产的过程当中，我们就可以利用这一特点，将寄主母羊的尿液涂在羔羊的身体上，寄养就可以轻松地完成了。在羊与羊之间的交流过程当中，触觉则起到了一种非常重要的作用。比如在哺乳前，羔羊通过头来撞击母羊的身体，母羊就可以接收到讯息为其泌乳。

羊相比于其他的家畜拥有更优越的适应能力，但是由于品种以及所处的地理区域的自然条件不一样，对于环境的适应能力也有所不同。比如细毛羊不能够适应湿热环境，而对于干燥环境的适应能力就非常强；早熟长毛绵羊不能够适应干旱的环境以及缺乏多汁饲料的环境，但是抗湿热环境的能力就远远超过了细毛羊，而且有抵抗腐蹄病的能力；山羊的体格非常健壮，对于各类型的恶劣环境都有一定的适应能力，在我们国家的大部分气候不同的地区都能够适应下来。

羊的疾病相对来说比较少，抗病能力也是非常强的，一般情况下是不会染上病的。但是羊一旦染上病往往只会在最严重的时候才将症状表现出来。如果一直处于正常情况下的羊突然对精料、多汁饲料的采食积极性消失，没有出现反刍现象、饮水能力下降，这些都是发病的前兆。

羊是多胎动物，大多数的品种每年都能够产出两胎或者两年产三胎，通常每一胎都可以产出1～3只羊羔，所以繁殖率较高，繁殖的周期比较短。这些因素都有利于扩繁羊群、加快养殖场的发展。

羊非常喜欢成群结队在一起，只要领头羊先行出圈、入圈、饮水等，其他的羊就会跟随领头羊一起行动。因此，利用这个特点就很有利于人工养殖进行驱赶。

2.1.2 消化生理

羊的牙齿非常锋利，嘴唇较薄且比较灵活，食用的植物种类非常广泛。羊既能够食用一些短草，也能够采食各种农副产品以及一些天然牧草。树叶、秸秆、茎叶、糠皮等都是能够被羊所利用的非常不错的饲料。作为一种以素食为主的动物，羊仅仅只吃草，也能够保证自身的营养需求；但是如果喂了过多的精料，而不给予其足够的草，就会诱发一些消化器官的疾病，使粪便变软、变形；如果食用的饲料过多，就可能会导致羊的死亡。羊作为一种有反刍能力的动物，身体内有四个胃，占据了整个消化道的三分之二。其中，瘤胃就能够将食用的饲料当中的50%～80%的粗纤维成分分解，使食用的饲料分解为一种比较容易消化挥发性脂肪酸，以及碳水化合物。并且能够满足通常情况下多种B族维生素和维生素K

的需要，同时也能将非蛋白质含氮物质合成为质量更好的菌体蛋白质。羊的第二个消化特点就是小肠部分的长度非常长，展开大约是身长的 20 倍。小肠内部的脂肪酶、转糖酶、蛋白酶能够促进细菌蛋白质的分解和吸收。

2.1.3　生殖生理

　　母羊生长发育到一定阶段，首次出现发情和排卵的时期即为初情期，这是母羊性成熟的初级阶段。在初情期之前，母羊的生殖器官发育缓慢，不表现出性活动和性周期。初情期后，随着第一次发情和排卵，生殖器官的体积和重量迅速增加，性机能也逐渐发育成熟。绵羊和山羊的初情期一般为 4 至 8 月龄，初情期的早晚与品种、气候、营养等因素密切相关。个体小的品种比个体大的品种初情期早，山羊比绵羊早。气候对母羊初情期的影响较大，一般南方母羊的初情期早于北方，早春产的母羔可在当年秋季配种，而夏、秋季产的则要到第二年秋季才能配种。母羊的初情期与体重密切相关，并且直接关系到生殖激素的合成和释放。如果营养状况良好，母羊体重增长迅速，生殖器官发育正常，初情期表现较早；反之，初情期则会推迟。母羊初次发情的体重一般为成年母羊体重的 49%～60%，年龄在 4 至 10 月龄。性成熟是羊生殖机能完善的标志，经过初情期的母羊，生殖系统迅速生长发育，并开始具备繁殖能力。母羊的性成熟一般发生在 5 至 10 月龄，此时的体重为成年羊的 40%～60%。性成熟的时间受到品种、气候和营养等多种因素的影响，山羊的性成熟早于绵羊。青年母羊的初配年龄主要取决于其体重状况。当体重达到成年母羊体重的 60% 以上时，该母羊已具备了繁殖生产的能力，可以进行第一次配种。冬季产的羔羊，在发育和营养状况良好的条件下，可以在当年秋季配种。相比之下，山羊的初配适龄早于绵羊。公羊初次交配的年龄一般为 18 至 20 月龄，但也有 10%～15% 的 6 至 7 月龄公羔在良好饲养和气候条件下，可能具有较高的繁殖力。

2.2　母羊的代谢变化

2.2.1　能量代谢平衡

　　反刍动物在采食饲粮后，饲粮中的蛋白质、碳水化合物和脂肪在动物机体内经一系列的消化和代谢作用产生的能量，最终以 ATP 的形式满足机体的需要。其中可发酵碳水化合物产生的乙酸、丙酸、丁酸等挥发性脂肪酸（VFA）是反刍动物主要的能量来源。这些能量在不同时期能满足能量需要的程度不同，对于母羊在妊娠后期以及泌乳前期，特别是母羊泌乳前期，这些食物中不同形式的能量来源不能满足胎儿生长和大量泌乳的需要，母羊这时就出现能量代谢的不平衡，需要动用机体的脂肪储备满足能量需要，减轻能量负平衡的状况。

脂肪组织是能量负平衡时调用的主要能量储备。非酯化脂肪酸（NEFAs）从脂肪组织中释放出来，在分娩后提供能量来源，并由肝脏以各种方式进行代谢。它们可以是：再酯化并作为极低密度脂蛋白输出到循环中；被氧化为燃料；转化为酮类化合物。当 NEFAs 大量存在时，它们也可以转化为甘油三酯，并作为脂肪滴储存在肝细胞中。与其他物种相比，反刍动物肝脏合成脂肪并转运到其他组织的能力较弱，这可能引起机体脂肪代谢的不利影响。随着血液 NEFA 水平的上升，脂肪酸的吸收和酯化增加，甘油三酯在肝脏中储存增多，这可能会损害肝脏功能，并导致脂肪组织的进一步分解和产生更多的 NEFA。这种 NEFA 的增加也与免疫抑制有关。这种代谢异常主要在于产羔前肝脏中甘油三酯的堆积。在分娩前的最后两到三周，甘油三酯水平可以增加到正常水平的四到五倍之间。

母羊在妊娠期间不仅需要满足自身营养需要，还要满足胎儿的生长发育。研究表明，胎儿重量的 80％～90％ 是在妊娠后期增长的，因此母羊妊娠后期的营养摄入对胎儿发育及初生重至关重要。母羊妊娠后期最大的代谢特点是由于胎儿快速生长发育压迫胃肠道，干物质采食量（DMI）降低，使得母羊出现能量负平衡，导致脂肪动员加剧，产生大量非酯化脂肪酸，加重肝脏负担，损害母畜机体健康，降低生产性能。在能量负平衡状态下，机体动员脂肪、蛋白质供能增加，极易导致机体代谢、免疫状态的改变，使母畜免疫力下降。能量负平衡可导致弱羔、死羔，严重可导致母羊死亡，对羊生产造成重大经济损失。

2.2.2 免疫功能变化

有研究认为妊娠时由于胚胎抗原缺乏向母体淋巴细胞呈递的能力，或者由于母体淋巴细胞功能被抑制，从而降低了母—胎之间的免疫学相互作用。也由于母体免疫应答向不损害胎儿的体液免疫（即 Th2 免疫）方向的偏移，从而使胎儿不被母体的免疫应答所排斥，妊娠母体细胞免疫功能（即 Th1 免疫）受抑制，体液免疫功能（即 Th2 免疫）占优势。但组织学研究发现，在母胎接触面存在着大量的白细胞，包括巨噬细胞、粒细胞和 T 淋巴细胞，并且存在着多种细胞因子，伴随着非特异性免疫功能的活化。

辅助性 T 细胞（Th），具有协助体液免疫和细胞免疫的功能。按照其分泌的细胞因子的不同可分为 Th1 和 Th2 型细胞两个亚群，Th1 型细胞主要分泌 IL-2、IFN 和 TNF 等细胞因子，参与介导细胞免疫，包括巨噬细胞的活化，迟发性超敏反应，NK 细胞和 T 淋巴细胞的细胞毒作用等；Th2 型细胞主要分泌 IL-4、IL-5、IL-6 和 IL-10 等细胞因子，参与介导体液免疫，即 B 淋巴细胞的活化及抗体的形成、免疫复合物介导的效应机制等。Th1 和 Th2 型细胞通过其各自分泌的细胞因子相互调节对方的增生和分化，例如 Th1 细胞分泌的 IFN-Y 可抑制 Th2 细胞的增生和分化，Th2 细胞分泌的 IL-4 和 IL-10 则可抑制 Th1 型细胞因子的合成。在正常情况下 Th1/Th2 型细胞的比值维持在一定范围，任何一方的增多或减少都会使 Th1/Th2 型细胞的比例发生偏移。妊娠期间母体免疫功能发生明显的变化。

采用 ELISA 法分别对早、中、晚期妊娠小鼠胎盘组织培养上清中细胞因子的含量进行检测，结果发现在整个妊娠期间都可以检测到 Th2 型细胞因子 IL-4、IL-5 和 IL-10 的存在，而 Th1 型细胞因子 IFN-Y 仅在妊娠早期有微量存在，胎盘组织培养上清中 IL-4 与 IFN 的比值也显著高于非妊娠小鼠脾细胞培养上清中的 IL-4 与 IFN-Y 的比值，表明妊娠母体 Th2 型免疫占优势，而 Th1 型免疫被抑制。妊娠也可以使小鼠对利什曼原虫等细胞内病原体的抵抗力降低，利什曼病的痊愈依赖于 Th1 型细胞介导的细胞免疫，小鼠对利什曼原虫的抵抗力与其本身的遗传背景有关。Krishnan 等的研究发现，给 C57BL/6 小鼠足垫接种此病原体后，由于 C57BL/6 小鼠能产生很强的 Th1 型免疫反应，所以仅发生接种局部的轻微病损，并能很快自愈，而妊娠的 C57BL/6 小鼠接种后则病损的范围增大且不愈，体外组织培养发现，妊娠 C57BL/6 小鼠的脾及淋巴结细胞产生的 IFN-Y 较非妊娠 C57BL/6 小鼠减少，而 IL-4、IL-5 和 IL-10 的分泌量增加，表明妊娠导致 C57BL/6 小鼠的免疫应答向 Th2 方向偏移。

Th1 型细胞因子对妊娠造成损害的机制之一很可能是通过激活 NK 细胞和 LAK 细胞作用于胎儿胎盘组织引起的。另外由于 Th1 型细胞因子参与的免疫应答在急性同种移植排斥反应中起着重要的作用，所以 Th1 型细胞因子也可能通过对表达父方 MHC 抗原的胎儿组织的排斥来损害妊娠。而 Th2 型细胞因子则可抑制 Th1 型免疫反应，并对胎儿胎盘的发育具有一定的促进作用。众所周知，Th1

和 Th2 型细胞因子是根据分泌这些细胞因子的 Th 细胞来划分的，但有研究表明，这些细胞因子具有非 T 细胞来源。至少在母胎接触面合成的一些细胞因子就来源于非 T 细胞，采用原位杂交技术已经证实在母胎接触面有 IL-10 和 IL-4 存在，因此认为，胎盘通过产生 IL-4、IL-10 等 Th2 型细胞因子来抑制母体 Th1 型细胞因子对妊娠的损害。

免疫应答是一个相当复杂的过程，无论是细胞免疫还是体液免疫，都包括特异性免疫和非特异性免疫。特异性免疫由于它的高效性和特异性，人们对它的研究比较多，而非特异性免疫是在种系发育进化中形成，经遗传而获得，并非针对某一种抗原，由于它比较初级、未高度分化，因而研究得较少，但这一系统在妊娠期间可能起关键性作用。

由于滋养层细胞不表达 MHC-I 类或 II 类分子，又由于胎盘组织产生的黄体酮、前列腺素 E、细胞因子如 IL-4、IL-10 等使 Th1 型免疫应答被抑制，从而使胎儿避免了母体免疫系统的排斥，但同时也增加了感染的危险性，而且由于胎儿自身免疫系统尚未发育成熟，感染对胎儿会产生更严重的后果，可造成妊娠丢失、胎儿宫内发育迟缓，甚至死胎等。然而，事实上妊娠母体虽然对某些感染和自身免疫病易感，但不是完全没有防御能力。研究表明，在正常妊娠期间母体血液循环中单核细胞和粒细胞数量增多并活化，单核细胞的吞噬细胞和呼吸爆发活性增强，其表面内毒素受体 CDu 的表达增加；血液循环中一些急性期反应蛋白增多，如凝血因子 VI、VII、X，纤维蛋白原，α1-抗胰蛋白酶，血清球蛋白等均升高，清蛋白下降；母体血液循环中补体成分增加。血液循环中的粒细胞、单核细胞和组织中的巨噬细胞都具有吞噬杀灭病原微生物的作用，都是非特异性免疫的重要因素。因此妊娠期间母体的非特异性免疫功能被活化有助于母体防御感染。

2.2.3 激素变化

调节控制动物生殖机能是激素的关键作用，该作用贯穿于动物的胚胎期、成熟期及生殖机能丧失期的全过程。由下丘脑—垂体—性腺所构成的生殖轴（HPG）是调控动物繁殖活动的主要因素。生殖轴调控主要是通过垂体分泌的促黄体生成激素（luteinzinghormone，LH）和卵泡刺激素（Follicle-stimulating hormone，FSH）及卵巢分泌的雌性激素（estradiol，E2）、孕激素（Progestin，P）协同作用而完成。生殖激素调控生殖过程，它可直接对生殖活动起作用，引起与繁殖有关的生殖生理、动物行为的变化，研究雌性动物的生殖激素分泌规律一直是动物生殖调控的重要内容。

20世纪60年代，美国科学家Berosn和Yalow将放射免疫技术首先应用于测定血液中的胰岛素浓度，并取得了巨大的成功，从而揭开各种生理生殖激素检验测定的新篇章。它精准地确定了那些科学作用巨大的含量微小或极其的微小、之前难以研究的物质，为深入研究、探讨生殖生理激素的合成、分泌规律提供了良好的条件。

生长激素和类胰岛素样生长因子是"下丘脑—垂体—靶器官"神经内分泌轴中的两种激素，在动物机体的有机物代谢中发挥重要作用，参与调控畜禽的生长发育。生长激素可促进动物的组织细胞分裂增殖，同时诱导靶细胞产生类胰岛素样生长因子，从而促进氨基酸进入细胞，DNA和RNA的合成速度加快，加快蛋白质的合成。有研究探究了重组牛生长激素对绵羊产奶量的影响，发现注射重组牛生长激素组母羊与对照母羊相比，低剂量和高剂量显著使总产奶量分别增加19.0%和27.0%。

瘦素是一种多功能性激素，对体重、能量平衡、新陈代谢和生长有影响，它与生殖轴相互作用，在下丘脑和垂体调控下分泌。这种激素及其受体已在生殖系统中发现，表明其在胚胎发育、着床和妊娠等几个过程中有一定作用。在怀孕的灵长类动物（人类和非人类）中，瘦素由母体和胎儿的脂肪组织以及胎盘成纤维细胞产生。

胰岛素是反映机体葡萄糖代谢和蛋白质合成代谢的主要指标之一，在妊娠母体血液中葡萄糖含量升高，刺激相应的胰岛素含量增加。胰岛素在胰腺细胞中合成，在外周（调节饱足信号）和中枢神经系统（限制食物摄入）发挥作用，并控制葡萄糖转运，以应对高血糖。在妊娠早期，胰岛素可参与胎儿生长发育过程中营养素的合成代谢，而在妊娠晚期，它作为一种糖调节激素发挥作用。在整个妊娠期，胰岛素是绵羊胎儿正常生长发育所必需的，胎儿胰腺切除术后造成胰岛素缺乏，是胎儿生长迟缓的主要原因。有研究发现妊娠期血清中胰岛素在妊娠100 d时含量最高，妊娠比空怀含量高，胰岛素在妊娠早期有助于母体储存能量，在妊娠晚期促进能量输送给需求量增加的胎儿，说明在妊娠开始，激素代谢就积极参与了相适应变化。

甲状腺合成三碘甲状腺原氨酸（T3）和甲状腺素（T4），是多种器官发育和发挥功能的基础，调节机体的糖、脂肪和蛋白质代谢。对绵羊甲状腺激素动态的研究表明，根据动物的性别、品种、年龄和生理状态，其变化是不同的。妊娠发生的稳态调节的开始和持续取决于内分泌和神经内分泌机制，其中甲状腺激素 T3 和 T4 起着重要的调节作用。Mohamed 等的研究表明胰岛素水平明显受母羊繁殖状态的影响，因为周期性动物（卵泡期或黄体期）的胰岛素水平明显高于妊娠动物，哺乳期的甲状腺激素浓度存在变化。有研究发现 T3 在妊娠 100 d 时含量最高，T3 和 T4 浓度随着妊娠时间延长，浓度降低。Colodel 等研究发现，怀孕母羊血清中的 T3 和 T4 的浓度比未怀孕的要低，泌乳母羊的 T3、T4 浓度也均低于空怀母羊，他们得出结论，证明妊娠和泌乳引起血清中 T3、T4 浓度的变化。

孕酮在雌性动物的细胞分化、生长、维持妊娠和产活仔等方面发挥着重要作用。有研究表明，孕酮水平在妊娠期要高于空怀期，在妊娠早期和中期达到峰值，在妊娠晚期下降。但有研究发现母羊黄体期的血清孕酮水平显著高于发情周期的卵泡期，且在怀孕期间持续升高，且血浆血糖、总蛋白、白蛋白、碱性磷酸酶、谷丙转氨酶和谷草转氨酶浓度随妊娠的进行不断上升。利用放射免疫法对宁夏地区的舍饲母滩羊不同生理期的血清中生殖激素进行测定的结果显示：雌二醇的含量在发情期、妊娠前期、妊娠后期、泌乳期、空怀期的含量呈递减趋势，孕酮的含量从泌乳期、空怀期、发情期、妊娠前期和妊娠后期呈递增的趋势。有研究表明建昌黑山羊妊娠期的孕酮浓度比空怀期低，并且浓度随妊娠时间增加而降低，雌二醇浓度在妊娠期高于空怀期。

国内外关于不同生殖状态下母畜血液中激素含量变化的研究表明，随着动物进入不同的生理时期，体内不同的激素含量发生变化。妊娠状态下的母畜体内调节内分泌的激素含量会发生改变，激素含量的改变也可能对消化代谢产生一定的影响。

2.2.4　消化代谢

母羊从羔羊断奶后到下次配种前的时期称为空怀期，成功怀孕后一直到分娩为妊娠期，产羔后进入泌乳期。妊娠是一种被认为可以改变动物代谢的生理状态。在妊娠期，母畜的营养利用率提高，母体激素会发生剧烈变化，调节营养物质流向合成活性和能量产生较高的子宫。随着泌乳期的开始，母羊的营养分配和新陈代谢随之发生改变，除机体的各大代谢机制参与营养调配外，激素在泌乳期的营养分配中也是主要的调节因子。并且在妊娠和泌乳期，饲料的消化率对于空怀期来说有所改变。家畜的消化能力归因于物种、年龄、生理阶段，动物通过物理消化、化学消化和微生物消化对饲料进行消化，通过口腔咀嚼以及胃肠道的蠕动进行物理消化，化学消化主要是在酶的作用下对营养物质进行分解，微生物消化是通过瘤胃和肠道中的微生物菌群对饲料进行降解。

动物消化饲料的能力在快速生长阶段高于缓慢生长阶段，妊娠期和泌乳期高于空怀期（雌性动物）。对妊娠和未妊娠小母牛进行代谢试验发现，妊娠小母牛的消化能和代谢能比未妊娠的高，并且妊娠的比未妊娠的小母牛的空腹产热量高出很多。在母羊妊娠 40 d、100 d 和 130 d 测定其消化率和代谢能，结果表明，随着妊娠时间的延长，采食量下降，碳和氮的表观消化率增加，妊娠 40d 的消化率和代谢能高于妊娠 100 d 和 130 d，说明妊娠对母羊消化率和能量代谢有显著影响。干物质（DM）和有机物（OM）的表观消化率随妊娠时间的增加而提高。中性洗涤纤维（NDF）和酸性洗涤纤维（ADF）的表观消化率在妊娠 40 d～100 d 下降，但随后逐渐升高，直至妊娠 130 d。母体维持所需的蛋白质和能量随着妊娠时间的增加而增加。这可能与妊娠早期子宫的生长发育和妊娠晚期胎儿及腺体的快速生长有关。但有研究表明妊娠对 DM 的表观消化率和 NDF 降解率无明显影响。泌乳期的采食量高于妊娠后期，但是其消化率并没有降低，这可能是母羊生理变化所致。也有试验表明消化能和代谢能在泌乳期高于空怀期。母羊在怀孕中期能量需求随着体重和胎儿数量的增加而增加，对于怀双胞胎的母羊来说，在分娩前的最后 6 周，能量需求增加了约 20%，在分娩前的最后 2 周，能量需求增加了约 85%，在妊娠末期，70%～80%的胎儿生长发育完成与妊娠母羊能量需求的显著增加有关。因此，不同生理期间的代谢存在一定的差异。

2.3　母羊的营养调控

2.3.1　营养变化特点

母羊从出生到发情、配种，再到妊娠、泌乳，这一系列的过程无不伴随着复杂且精细的激素水平变化，这些变化又进一步引导其生理机能的显著转变，特别是妊娠与泌乳这两个阶段。妊娠作为一种特殊的生理状态，能够显著改变动物的代谢方式。在此期间，母羊的营养利用率显著提升，母体激素发生剧烈波动，以确保营养物质能够高效地流向发育中的子宫，为胎儿的生长提供充足的能量。随着泌乳期的到来，母羊的营养分配和新陈代谢再次发生变化。除了机体自身的代谢机制参与营养调配外，激素在泌乳期的营养分配中也扮演着至关重要的角色。母羊的繁殖性能直接关系到羔羊的质量和数量，而影响这一性能的因素众多，包括饲养管理、品种选择、环境因素、繁殖技术，以及日粮的营养水平等。其中，营养是母羊繁殖过程中不可或缺的一环，对其繁殖性能有着深远的影响。

适宜的日粮营养水平对母羊繁殖性能的发挥至关重要。由于母羊在不同阶段有着不同的营养需求，因此，只有当所提供的饲料既均衡又能满足其各阶段的特殊需求时，母羊的繁殖性能才能得到充分的展现。在怀孕期间，母羊的主要营养需求集中在维持胎儿发育所需的能量、蛋白质、矿物质和维生素上。初期，由于胎儿体重较轻，对营养的需求相对较低；然而，随着胎儿的快速生长，其对母体的营养需求也急剧增加。若此时营养供应不足，不仅可能导致胎儿发育不良，还可能使母羊出现疲乏、营养不良、产后恢复缓慢等问题。

进入哺乳期后，母羊需要摄入更多的营养，以满足哺乳需求。母乳是羔羊成长的重要营养来源，它含有大量的蛋白质、能量和矿物质等营养物质。同时，母羊在哺乳期间也需要额外的能量来维持自身的消耗和产奶。若此时营养供应不足，母羊可能会出现疲乏、消瘦、乳汁分泌减少等问题，这不仅影响自身的健康，还可能对羔羊的成长造成不良影响。

因此，在母羊产羔前后，特别需要关注其营养状况，以确保羔羊得到充分的养护和母羊能够迅速恢复健康。产羔期是母羊营养消耗最为剧烈的时期，若不及时补充营养，将会对母羊的产后恢复、产乳量和产仔率等关键指标产生负面影响。

2.3.2　干物质采食及能量需要

小型反刍动物，例如绵羊和山羊，依赖于富含缓慢降解营养物质（如饲料纤维）的日粮，但其利用效率相较于牛而言较低。尽管如此，它们在一定程度上克服了这一限制，因为相比牛，它们能更好地利用谷物，进行更精细的反刍和消化，并展现出更高的饲料选择性。这种选择性是小型反刍动物增加饮食中营养浓度的一种方式，但也可能引发营养问题，饲养员需面对日粮计划和实际消耗之间可能不匹配的问题。

对于妊娠期母羊，应确保草料级别达到Ⅲ级及以上，日粗饲料摄入量维持在2％至2.5％，并维持适度的蛋白质含量。此外，补充适量的矿物质和维生素，如钙、磷、硒等，不仅可以提升胎儿发育的质量，还有助于母羊产羔后的恢复。

进入哺乳期，母羊的饲料应以青贮料、饲草和饲料为主，日粗饲料摄入量可增至3％至3.5％。此时，应确保粗饲料的含水量低于60％，以避免对消化造成不良影响。同时，通过添加高蛋白质、高能量的饲料，如糠饼、豆粕、酵母粉等，可以有效提升母羊的营养水平和母乳的质量。

对于产羔期的母羊，应提供易消化、养分丰富且营养摄入均衡的饲料，如苜蓿、玉米、小麦，以及高级草料和其他营养物质丰富的饲料。此外，保持母羊充足的饮水量至关重要，应避免水质不佳的情况，并考虑添加维生素和微量元素。

2.3.3　妊娠后期日粮能量需要及调控

胚胎期的营养不足和初生后的营养水平较差，均会对母羔成年后前三年的产羔质量产生深远影响。研究表明，在妊娠50 d时，即使营养水平降低至维持需要的一半，对胎儿的体重影响并不显著，但其卵巢重量却明显低于1倍维持需要的高营养水平组。这一发现凸显了营养水平对羊体内胚胎时期性腺发育以及成年羊繁殖性能的关键作用。值得注意的是，配种后的高营养水平并不利于增加产羔数，反而有降低产羔数的趋势。因此，配种后4周内的母羊，尤其是体质较好的，应适当控制饮食，以维持能满足机体需求的营养水平。然而，母羊在妊娠后期对能量、蛋白质、维生素和矿物元素的需求显著增加，满足这一时期的营养物质尤为重要。

母羊的能量主要来源于碳水化合物的合成。调整日粮中的能量水平，特别是在母羊发情前，能够显著提高排卵数，确保胚胎处于最佳存活状态。对于能繁母羊，通过补饲催情和抓秋膘，可以有效提升繁殖性能。分娩期母羊的膘情适中，对于后期泌乳的顺利进行和羔羊成活率的提升至关重要。然而，能量水平过高可能导致内分泌紊乱，影响繁殖性能，降低配种率。过多的能量摄入会导致母羊体况过肥，腹腔子宫内积聚过多脂肪，进而压迫子宫，影响妊娠率，增加胎儿死亡率。

目前，绵羊的能量需求通常通过 ME、NE 或两者结合来详细描述。然而，随着育种和饲养技术的进步，这些"黄金标准"的潜在局限性在过去几十年中受到了质疑，因此有必要进行更新。近年来，全球范围内对绵羊能量需求的研究不断增多。例如，英国农业食品与生物科学研究所（AFBI）的研究人员提出了Feed-Into-Lamb（FIL）项目，旨在更新和完善羊的能量需求建议，以适应当前的需求。值得注意的是，近十年来，中国对羊能量需求的研究比其他国家更为活跃。关于绵羊的 NE 需求和 ME 利用效率，已有大量研究关注维持（NE m）和增长（NE g）的需求。大多数研究表明，育肥羊的能量需求要么高于要么低于NRC（2007）和 AFRC（1993）推荐的能量需求，这表明使用这些营养需求建议可能会高估或低估羊的能量需求。因此，在实际饲养管理中，应根据具体品种、生长阶段和生产性能等因素灵活调整能量供给，以保证绵羊的健康和生产性能。

2.3.4　日粮蛋白质水平

羊的蛋白质需求通常通过可代谢蛋白质（MP）、小肠中真正可消化的真正蛋白质（PDI）或离开胃的可消化蛋白质（DPLS）来定义。这些术语本质上都指代反刍动物小肠中真正被消化的蛋白质。以 MP 为例，它包括瘤胃内合成的微生物粗蛋白、瘤胃未降解蛋白以及较小比例的内源粗蛋白。据 NRC 所述，膳食 MP 的浓度范围通常为粗蛋白（CP）的 0.6 至 0.8 倍，具体取决于未降解的膳食蛋白质浓度。然而，体内评估 MP 具有一定的挑战性，因为需要对动物进行插管，并且相关的外科手术及日常护理既繁琐又成本高昂。因此，多数研究仅报告了维持和生长的 MP 需求。所提供的 MP 中的氨基酸对于蛋白质的维持而言，其可利用性不如对人体组织中蛋白质积累的作用那么明显。

氨基酸是蛋白质和多肽的基本构成单元，而这些蛋白质和多肽则是动物肌肉和组织的关键成分。它们同样是乳汁等体液的重要组成部分。氨基酸在放牧动物从生长到生产和繁殖的生产力中发挥着至关重要的作用，并且可以显著提高养殖的经济效益。缺乏必需氨基酸会导致羔羊的生长性能、胴体质量和器官发育受损。对于 60 至 120 日龄的羔羊，第一限制氨基酸是蛋氨酸（Met），其次是赖氨酸（Lys）。在饲喂低蛋白（10％、12％、14％）饲料的杜泊×小尾寒羊杂交羊与正常饲喂（饲喂蛋白质水平为 16％的日粮）的对比研究中，添加瘤胃保护的赖氨酸、蛋氨酸、苏氨酸和精氨酸并未对杜泊×小尾寒羊杂交羔羊的生长性能和胴体品质产生显著影响。

2.3.5　矿物元素的需求

相较于能量和蛋白质，矿物质的需求量通常较少。主要/常量矿物质（日粮中含量高于 0.1%），如钙、磷和钠，以及微量矿物质（含量以百万分之几计），如钴、铜和锌，都是绵羊生产不可或缺的营养素。这些无机元素主要通过饮食和补充剂摄入，有时也通过饮水获得。它们参与代谢过程，激活酶催化反应，充当某些转运蛋白和激素的成分，并维持水和电解质平衡。因此，确保充足的矿物质供应对于羊的生存、生长、繁殖和免疫力至关重要。然而，应避免过量供应矿物质，以降低生产成本并减少对环境的污染。最近的研究表明，锌和硒的缺乏不仅会降低总采食量和日增重，还会导致饲养场滩羊出现异食癖。

除了关注矿物质的摄入水平外，还应考虑矿物质之间的平衡，因为矿物质之间的相互作用可能会影响宿主对矿物质的吸收能力。例如，高钾和低钠可能会减少镁的吸收，还可能对钙代谢产生负面影响。近十年来，关于杜泊、赛特杂交羊育肥期矿物质需要量的研究逐渐增多，涉及的矿物质包括钙、磷、钠、钾、镁、锌等。然而，值得注意的是，与能量和蛋白质需要量的研究数量相比，我国肉用羊矿物质需要量的研究仍然相对有限。因此，需要更多的研究来探讨肉用羊在不同生理阶段（如怀孕期和哺乳期等）的矿物质需求量，这些阶段的矿物质需求量通常高于育肥期。

2.3.6　营养平衡的评估体系及监控

通过采用羊群的整体观点并考虑这些因素之间的许多相互作用，将营养与健康、福利和畜牧管理相结合：利用草料和其他高降解性纤维源；根据准确和详细的饲料特性并使用现代营养模型，提供适当均衡的饮食，以喂养在生理状态和性能方面尽可能同质的动物群；通过结合使用传感器测量技术（评估产奶量、进食和反刍时间、瘤胃 pH 值），监测动物的采食量、动物行为、性能（产奶量和乳成分、繁殖力和生长速度）以及动物的营养失调、运动和环境条件和更传统的营养指标（例如牛奶成分、粪便评分和身体状况评分）；系统地收集和解释动物和农场的技术、经济和生物数据，以便能够持续监测农场和动物的表现；通过避免营养物质腐败以及最大限度地利用优质饲料和副产品，最大限度地减少小型反刍动物对环境的影响；最大限度地减少不利气象条件的负面影响，优化羊舍环境。

日粮配方应仔细进行和监测。尽管有大量关于绵羊和山羊能量和蛋白质需求的研究文献，并且这些物种的一些现代饲养模型在过去十年中已经发表或更新，现有的饲喂系统均未报告最佳膳食纤维（NDF）和非纤维碳水化合物（糖、淀粉和果胶）浓度。因此，考虑到瘤胃功能和微生物效率受到这些营养素的显著影响，将能量需求转化为实际的饮食配方变得困难。这是一个主要限制，特别是对于高产绵羊和山羊来说，它们的能量摄入会受到纤维含量过高的饮食的负面影响。另一方面，瘤胃中发酵的过量糖或淀粉可能会导致瘤胃 pH 值不理想以及相关的营养失调。Cannas 等报告了对于绵羊来说，最大可接受膳食 NDF 浓度的初步指南，表明在怀孕和哺乳期间，母羊每千克体重的 NDF 摄入量远高于奶牛。

妊娠期间，绵羊可接受的最大 NDF 摄入水平约为体重的 1%，由于传代率高，远高于牛的摄入水平（约为体重的 0.6%），并且与单羔相比，当母羊怀双胞胎或三胞胎时，NDF 摄入水平较低。当纤维来源主要由长草料组成时，这一摄入水平阈值导致多产动物的膳食 NDF 浓度约为膳食 DM 的 40%，单胎母羊的膳食 DM 浓度约为 50%。

在哺乳期，最大可接受的 NDF 摄入水平为体重的 1.8%（对于 90 kg 母羊）和体重的 2.1%（对于 45 kg 母羊），最大日粮浓度根据体重和产奶水平而变化。也许，山羊也可以采用类似的参考值。考虑到纤维质量极大地影响瘤胃填充水平，并且绵羊和山羊可以反刍非常细的颗粒，而这些颗粒在牛中无法反刍，因此饲料的纤维质量和颗粒大小可以极大地影响上述值。

另一个重要方面是非结构性碳水化合物，特别是淀粉的膳食浓度。怀孕期间，膳食淀粉浓度应适当管理，使其足够高，以限制明显的负能量平衡，但同时又不能太高，以免增加过度肥胖和酸中毒的风险。这意味着妊娠早期和晚期母羊的日粮应分开配制和饲喂。还应根据动物的身体状况评分和繁殖力对动物进行分组。适当的营养管理不仅需要对关键时期的身体状况进行系统评估，还要早期识别怀孕动物及胎儿数量。这些做法是世界各地实施的现代综合营养、繁殖和管理计划的基础。在哺乳早期，利用富含能量的饮食（其能量通常主要来自淀粉）对于避免能量过度负平衡和维持奶产量非常重要。最大日粮淀粉浓度是根据避免瘤胃亚酸中毒确定的，而这又取决于不同的营养和管理因素，例如纤维的数量、质量和粒度，以及所用淀粉源的可降解性。在哺乳早期，建议膳食干物质的淀粉含量范围为 20% 至 30%。

另外，在哺乳中期（负能量平衡期结束后），高产母羊和山羊似乎对淀粉类饮食有不同的反应，并且对乳或身体储备有不同的营养分配。特别是，奶山羊在泌乳中期受益于高淀粉饮食（DM 的 20％以上），而母羊在这个时期受益于低淀粉饮食（DM 的 10％～15％）。对于母羊来说，淀粉应该用富含能量的营养物质替代，这些营养物质不会影响胰岛素水平，例如脂肪和高度易消化的纤维，其丰富来源是大豆皮、甜菜浆或绿色饲料。为解释绵羊和山羊之间的这种差异而进行的研究表明，当在哺乳中期使用富含淀粉的饮食时，绵羊的激素分布更倾向于分配膳食能量，有利于身体储备积累，而不是产奶量，而山羊此时激素分布更倾向于产奶量。

确定了碳水化合物的来源和浓度后，就应该使用具有适当生物价值和可降解性的蛋白质来源来优化饮食。与奶牛一样，乳尿素氮浓度是一个关键的营养指标，可优化绵羊和山羊膳食蛋白质和能量之间的关系。

2.3.7　常用的饲料添加剂

在畜牧业中，羊的生产性能是衡量一个养殖场是否成功的重要指标之一。而在生产过程中，很多养殖户会使用饲料添加剂来增加羊的食欲和促进羊的生长发育，以达到提高生产效益的目的。

营养性添加剂主要有非蛋白氮添加剂、氨基酸剂、矿物质微量元素添加剂以及维生素添加剂等。其主要功能是补充或平衡必需的营养素，维持正常的生理活动等。非营养性添加剂本身并不具有营养价值，但能增进机体健康，促使机体代谢和生长发育，参与消化和神经调控，提高饲料及产品质量，提高产品产量等。

保健助长添加剂主要有抑菌促生长添加剂、驱虫类添加剂、中草药添加剂、酶制剂和微生物制剂等添加剂。生理调控添加剂包括瘤胃代谢控制剂、缓冲剂和有机酸添加剂等。用于提高饲料质量的添加剂主要包括抗氧化剂、防霉防腐剂、青贮饲料添加剂、粗饲料调制添加剂及调味剂等，用于保护、改善饲料品质，增进食欲，提高饲料消化利用率等。抗应激添加剂包括矿物质、脂肪、维生素和镇静剂等，主要用于机体的抗应激反应，增强对环境改变的适应能力。

每种畜禽都有其自身的生长特性，每个生长阶段都有其生理形态和营养需求，故此，饲料添加剂的研发和使用，必须以研究特定畜禽在特定生长阶段的生理营养需求为前提，以确保满足其特定的营养需求。同样，每种饲料添加剂都应该有其最佳的饲喂阶段，以发挥其最大的作用。比如已被禁用的瘦肉精，在育肥后期长肉阶段，能够迅速增加蛋白合成，减少脂肪沉积。这也提示我们在畜禽后期育肥阶段具有着巨大的生长潜能未被挖掘。

大部分酶制剂都应该在畜禽早期发育阶段添加，以弥补早期发育阶段肠道消化酶分泌不足而促进消化吸收。可是许多试验发现，在动物快速增重期添加同样具有良好的效果。适时添加蛋白酶、脂肪酶或者淀粉酶等，可促进肠道内营养物质的消化，必然对畜禽的生长有所改善。所以促生长类的添加剂除了可以在早期发育阶段添加之外，在后期生长育肥阶段更应该适时添加，在生长旺盛期满足畜禽的营养需求，提升畜禽生长水平。

此外，动物体内是一个稳态系统，不能单一把某一成分孤立起来，各营养物质的消化吸收是相辅相成、相互影响的。理论和实践都说明复合型的添加剂更容易发挥其效果，甚至达到 1＋1＞2 的效果。不同添加剂之间可发挥协同作用，促进各类营养物质的消化吸收。比如木聚糖酶水解食糜中的木聚糖，降低食糜黏度，这样可以让蛋白酶和脂肪酶等更好地与底物接触发挥作用；如功能肽被吸收后在体内发挥活性，能够增强肠道免疫和抗氧化能力，从而维持良好的肠道消化吸收功能，促进营养物质的吸收。

研究发现，妊娠后期在母羊日粮中添加 2％竹酢粉，可显著提高母羊血清中谷丙转氨酶活性和总抗氧化力及免疫球蛋白（lgG、IgA 和 lgM）含量，显著降低谷草转氨酶活性和细胞因子 TNF-α 的含量，还可提高红细胞数量、血红蛋白和总蛋白含量及超氧化物歧化酶活性，增加母羊常乳乳糖含量。刘明美等研究发现，在妊娠后期湖羊日粮中添加竹酢粉能改善母羊的血液指标，增强抗氧化和免疫性。刘亚楠等研究发现，在妊娠母羊的日粮中添加中草药可以提高采食量与养分消化率、保胎防流产、增加母羊产羔率、提高羔羊成活率和初生羔羊体重、提高妊娠期母羊的免疫力和抗应激能力。肖芳研究发现，在妊娠后期母羊日粮中添加丙酸铬能够改善母羊免疫力及繁育性能，提高初乳中免疫球蛋白含量，改善羔羊的肠道发育、抗氧化性及免疫功能，并且母羊日粮中添加丙酸铬 0.4 mg/kg 时对羔羊的免疫功能作用效果最佳。

使用中草药添加剂能够有效促进小尾寒羊的哺乳量增长。吕亚军等研究表明，合理配伍的中草药添加剂能够促使滩羊分泌生长激素和催乳素，进而影响滩羊生长和维持哺乳。在哺乳羊饲料中添加柑橘渣，可以提高产乳量和乳脂率。Zharikov 等的试验中，哺乳母羊每日补充叶片干重 15 g 的伪泥胡菜或 105 mg 的

20-羟基蜕皮酮，连续补充一个月后，处理组羔羊体重增加明显加快，处理组母羊的血液中总蛋白和白蛋白较高，尿素较低，血糖水平较对照组增长一倍。结果表明添加伪泥胡菜能提高机体对营养的吸收和利用效率，从而增加对外界不良环境的抵抗力，同时哺乳量的增加促进了羔羊的快速增重。

2.3.8　母羊营养调控研究进展

绵羊在妊娠期和产奶期间对营养需求旺盛，特别是多胎、高产母羊，对营养需求非常高。为了获得更高的繁殖性能和胎儿发育质量，需要对母羊妊娠期的营养进行深入探究。国内外的学者、专家也进行了多方面的研究工作，包括从肠道微生物、放牧补饲、蛋白质水平、氨基酸补充、改善能量利用状况、矿物元素补充、粗纤维利用等方面进行了研究。

2.3.8.1　肠道微生物菌群与母羊繁殖、泌乳的关系

瘤胃微生物菌群在调节宿主能量代谢和免疫功能等生理过程中发挥着重要作用。反刍动物不同繁殖阶段的瘤胃微生物菌群结构不同。在妊娠期和泌乳期，母体为满足胎儿生长和泌乳的需要，各系统（免疫系统、代谢系统）、器官（子宫、乳腺、肺、心血管、胰腺）和微生物均发生一系列的变化，在此期间母体生理变化非常重要，它关系到母体的健康和胎儿的正常发育。在整个繁殖周期，母体营养、激素、免疫系统和微生物等一系列因素协同作用以维持母体生命活动和正常妊娠。限饲母羊妊娠期瘤胃发酵参数下降，与其瘤胃菌群的组成变化有关，表明妊娠期胃肠道菌群的组成差异有助于孕期代谢和免疫适应。因此，了解妊娠期和泌乳期母畜瘤胃微生物菌群的结构和代谢动力学，对于了解微生物菌群如何影响母仔健康非常重要。

奶牛哺乳期的瘤胃核心微生物菌群对产奶量的贡献达52.9%；泌乳期荷斯坦奶牛在相同的营养和管理条件下，高低产奶牛乳蛋白水平存在显著差异，瘤胃微生物及其代谢产物对乳蛋白水平的贡献分别为17.81%和29.76%。不同繁殖力和发情期湖羊的胃肠道菌群结构存在差异，说明胃肠道菌群与湖羊繁殖性能存在一定的相关性。不同繁殖阶段小尾寒羊的瘤胃菌群组成存在差异：在门水平，绿弯菌门和纤维杆菌门在泌乳期高于妊娠期；在属水平，普氏菌属的相对丰度在妊娠期高于泌乳期，瘤胃球菌属、莫拉氏菌属和纤维杆菌属的相对丰度在空怀期低于

泌乳期，而幽门螺杆菌和丹毒丝菌 _ UCG-009 在空怀期高于泌乳期。在泌乳期，以高含量的乙酸为主的 VFAs 为机体提供能量，而妊娠期 NH_3-N 含量升高为瘤胃微生物提供充足的氮源，从而合成蛋白质满足自身需要。导致瘤胃发酵功能差异微生物菌群在不同繁殖阶段发挥重要作用，其中普氏菌属和瘤胃球菌属以及纤维素降解菌在妊娠期显著富集，从而满足了妊娠期母羊高能量需求。

妊娠前期绒山羊母羊肠道拟杆菌 RF16、梭菌 vadinBB60、毛螺菌科 UGG _ 010、厌氧菌科和琥珀弧菌显著富集。在反刍动物中，拟杆菌、梭菌和毛螺菌科的发酵底物主要为碳水化合物，其发酵产物主要为甲酸、丁酸、乙酸和乳酸等，其中，乳酸是胎儿主要能量来源之一。在妊娠早期，母体肠道产生丁酸的细菌数量也会增加，而具有抗炎和免疫调节功能的丁酸在维持母体健康和生育能力方面起重要作用。如初产奶牛在妊娠期间其粪便中瘤胃球菌科的丰度显著提高，瘤胃球菌科是反刍动物胃肠道中丰度最大的丁酸生产菌，这类细菌的发酵产物如丁酸等短链脂肪酸通过调节 T 细胞改善生殖系统炎症，这对妊娠的建立和维持非常重要。在动物生殖系统中存在的低丰度乳酸杆菌也对动物生殖系统健康起积极作用，乳酸杆菌通过生产有机酸和细菌素，维持生殖系统酸性环境、抑制常见的病原体。在牛的产道中乳酸杆菌缺乏，但处于发情周期的奶牛在其产道可检测到低丰度的乳酸杆菌，这对抑制不良微生物的增殖，维持产道微生物群的共生具有重要作用。此外，在分娩前将乳酸杆菌注入奶牛子宫和产道，分娩后母牛患子宫炎的概率更低。以上变化可能与母体微生物和免疫调节适应妊娠有关。

妊娠后期，颤螺旋菌科、拟杆菌、*Coprococcus _ 2*、*Ruminiclostridium _ 5* 和 *Ruminococcaceae _ UCG-007* 在母羊肠道显著富集。颤螺旋菌科的相对丰度与胰高血糖素样肽-1 的表达水平呈极显著正相关。胰高血糖素样肽-1 是一种来自肠道的肽激素，通过调节胰岛素分泌在维持糖代谢稳态过程中起重要作用。而拟杆菌、*Coprococcus _ 2*、*Ruminiclostridium _ 5* 和 *Ruminococcaceae _ UCG-007* 的丰度与挥发性脂肪酸的浓度呈正相关。分娩后，在母牛肠道和产道样本中，瘤胃球菌科的相对丰度最高，在初乳中栖水菌属相对丰度最高。瘤胃球菌科和栖水菌属细菌大多属于产酸菌。综合以上结果，从妊娠期到产后微生物组成的变化可能反映了母体特殊时期的代谢和免疫变化。

肠道微生物组成和母体妊娠期体重也有很大的关联。研究发现，肠道微生物组的组成与体重有关，肠道菌群从动物摄入的食物中提取营养和能量，产生代谢产物，构建免疫屏障以及促进免疫功能进而影响动物健康。研究发现，与瘦弱个体相比，肥胖个体的肠道微生物组成有所不同，瘦弱的个体中拟杆菌丰度较高，而肥胖的个体肠道中梭状芽孢杆菌丰度较高。正常和肥胖妊娠母体之间肠道菌群的差异表明，微生物组成在妊娠期间母体的体重调控中起重要作用，肥胖的妊娠母体肠道中存在较高丰度的乳酸杆菌。妊娠期间的肠道菌群不仅受内部因素的影响，而且还受环境因素（主要是饮食）的影响。小鼠的研究证明妊娠前和妊娠期的母体饮食对肠道菌群都有影响。与正常饮食喂养的雌性小鼠相比，在妊娠期喂养高脂饮食的雌性小鼠肠道微生物群发生明显变化。另外肥胖状态也与妊娠期间的微生物组成相关，与正常体重的妊娠母体相比，超重的妊娠母体粪便中的尿素氮含量与拟杆菌和葡萄球菌丰度明显更高。

母乳是一种多功能生物流体，可为幼龄动物提供营养以及高度多样化的非营养生物活性成分，如抗体、聚糖、细菌和免疫调节蛋白。研究证实母乳生物活性物质对调控幼龄动物并建立自身健康肠道微生物群具有重要作用。研究发现妊娠母体体重是影响牛奶中细菌组成的主要因素，与正常的妊娠母体相比，肥胖的母体在哺乳期前6个月乳汁中存在高丰度的金黄色葡萄球菌，哺乳期前1个月存在高丰度的乳酸杆菌。新生羔羊的瘤胃、皱胃和胎粪中的少量微生物来源于母体的胎盘、羊水和产道，山羊和绵羊两个不同物种的母体微生物垂直传递规律具有一致性，山羊和绵羊羔羊胃肠道中的 *Romboutsia*、*Escherichia-Shigella* 和 Alistipes 的菌株具有很强的母体垂直传递性，而在羔羊出生后，母乳中的 *Streptococcus*、*Escherichia-Shigella*、*Fusobacterium _ necrophorum _ subsp* 和 *Peptostreptococcaceae* 的菌种（株）则以母乳垂直传递的方式定植于子代羔羊胃肠道中。相关分析发现，乳汁中乳蛋白的含量与 *Bacillus*、*Salmonella*、*Faecalibacterium* 和 *Achromobacter* 的相对丰度显著正相关，即乳汁中的微生物的丰度变化可能与乳汁中的营养组分的变化有关。

2.3.8.2　限饲与补饲对母羊繁殖、泌乳的影响

限饲是母羊妊娠期常用的饲养管理措施之一。限饲可以显著降低妊娠母羊的饲料摄入量，从而减少妊娠后期母羊的体重增加速度，降低妊娠母羊的酮病发生率。然而，限饲也会对母羊的繁殖性能和胎儿发育产生一定影响。研究表明，过度限饲可能会导致妊娠母羊的营养摄入不足，影响胎儿的生长发育。因此，合理控制限饲程度和时间对于保障母羊妊娠期的营养供应具有重要意义。放牧是反刍动物经济有效的饲养方式之一，但草地牧草获取的营养物质往往不能很好地满足

营养需要，补饲是针对母羊妊娠期营养需求的一种有效措施。在放牧条件下，妊娠母羊可以获得新鲜的青草和矿物质，有利于胎儿的生长发育和健康。然而，放牧补饲也存在一些问题，如草地营养不均衡、放牧距离过远等。在放牧条件下合理补充饲料，能保障妊娠母羊的营养供应。

妊娠期可分为妊娠前期（0～90 d）和妊娠后期（91～150 d）。在妊娠前期，主要是妊娠附属物（胎盘、子宫和羊膜等）的生长发育，而胎儿的生长发育相对较慢，这一时期母羊对干物质、有机物、能量的消化率与空怀期差异不大。妊娠期母羊能量代谢表明，妊娠前期和空怀期母羊的能量代谢强度差异不显著，而在妊娠后期由于胎儿的快速发育，母羊的能量代谢强度增加了54%。妊娠期母羊供给胎儿营养的方式主要有两种：一种是直接为胎儿提供氨基酸、葡萄糖和其他的必需营养元素，用于调节胎儿的生长发育；另一种是间接地利用内分泌系统来调节胎儿的生长发育。当妊娠前期供给母羊的营养不足时，使得母羊自身血液中的血糖浓度降低，耗氧量减少，子宫和胎盘的血管分布改变，最后导致胎儿营养的运输分配出现障碍，容易造成胎儿长期低血糖以及低血氧。Munoz 等研究发现，母羊在妊娠0～39 d限饲会影响胎儿的生长发育、存活率以及母羊的母性，在妊娠40～90 d给予适宜的营养有利于母羊母性的培养。在妊娠后期，由于胎儿的快速发育，母羊在妊娠后期的营养需要量显著增加。当妊娠后期供给母羊的营养不足时，会影响胎儿正常的生长发育，造成部分胚胎流产、胎儿畸形或者初生羔羊的成活率低，影响母羊自身的母乳储备，造成产后缺奶；当妊娠后期供给母羊的营养过高时，会造成母羊自身体重过重、体况过肥引起胎儿流产。Mellor 等对妊娠后期绵羊做了研究发现，营养水平降低会使胎儿的生长率显著降低，即使3周后再增加营养水平，也无法提高胎儿的生长率。

妊娠后期饲料组成、结构形态可影响母体对饲料的消化代谢性能，母体的消化代谢性能可间接影响胎儿和幼畜的健康发育。饲粮蛋白水平是影响动物生产性能和饲料成本的重要因素，合理的蛋白水平对保持动物正常的生产性能、降低动物对环境的氨排放量，并同时降低饲养成本有重要的意义。Jiang 等研究了不同蛋白水平饲粮对妊娠期貂的消化性能的影响，结果显示，粗蛋白消化率、氮摄入量、氮的留体量随蛋白水平的增加而增加，适宜的蛋白水平有利于母体保持良好的繁殖性能。动物的饲养水平影响动物消化性能，楼灿等研究了饲养水平（饲料饲喂量）对妊娠期母羊的消化代谢的影响，研究结果表明，随饲养水平升高，母羊的营养物质的消化率均降低，且随妊娠天数增加，母羊采食量降低，表观消化率升高。因为饲喂水平的提高，加快了瘤胃的排空速度，减少了食糜的滞留时间，相应的消化率降低；妊娠天数的增加，胎儿的增大，子宫压迫胃肠道，影响其容积，降低采食量。妊娠期是母猪便秘的高发阶段，粪便的发酵会损害胎儿的发育，同时影响消化器官的健康。有研究表明，在妊娠后期对母猪补饲芦笋可改善母猪粪便形态，降低妊娠期和泌乳期母猪的便秘概率。合理的饲粮营养水平有利于动物对饲料营养成分的吸收，在妊娠期随着胎儿的不断增大，胃肠容积的缩小，动物的采食能力降低，而动物的营养需要量不断增加，因此通过合理的日粮调整，提高动物对饲粮的消化率，提高有效营养物质的摄入量，维持母羊的正常妊娠，有利于胎儿的健康发育。

泌乳期产奶量不仅受泌乳期营养水平的影响，前期的营养水平也有影响。有试验表明，低营养水平虽然会延迟产犊年龄，但产奶量逐渐上升，产乳效率也高，甚至高于高营养水平组。许多资料表明，在奶牛生长期采用高能饲粮，会造成乳房沉积脂肪过多，影响乳腺分泌组织增生，导致以后的产奶量低，生产年限短，产奶效率低。日粮中添加脂肪可以提高乳脂含量，适宜的粗蛋白和粗纤维水平也可提高乳脂率。饲喂高能量水平日粮有利于产乳量的提高，但高能量水平意味着饲料中精料的比例加大，粗料比例相应降低，往往会导致乳脂含量与乳的能值下降。蛋白质和碳水化合物摄入水平对乳成分含量及产乳量也有明显影响。泌乳母羊，尤其是高产羊，每天从乳中排出大量的蛋白质，因此，蛋白供应不足会导致产奶量下降。大量研究表明，粗蛋白采食量增加时，产奶量也增加。日粮蛋白质浓度增加，可以提高消化率和采食量。瘤胃微生物合成的蛋白质是反刍动物消化吸收的蛋白质的重要组成部分，为提高瘤胃微生物的蛋白质合成效率，在充分供给含氮物质的同时，必须供给适量容易消化的碳水化合物。

草地放牧是饲养羊的最经济有效的方式之一，但草地牧草受到季节、降水、饲养量等因素的影响，牧草产量、质量变化较大，补饲是很好的解决方法，是改善饲料质量、提高动物排卵率和繁殖效率的重要策略。对于绵羊来说，营养状况、充足的能量平衡和蛋白质吸收是调节排卵率和整体繁殖性能的关键因素。放牧补饲增加能量和蛋白质的利用率可以提高母羊的繁殖效率。

2.3.8.3　营养措施对母羊的繁殖、泌乳性能的改善

绵羊的妊娠期约 5 个月，此期间增重 7.5～12 kg，必须供给丰富而平衡的营养，特别是妊娠后期。妊娠期营养需要由维持需要、母羊本身增重需要和胎儿及

其附属物生长需要组成。妊娠期间，胎儿和其附属物的生长速度不同，妊娠初期胎盘首先生长发育，胎儿主要在妊娠后期生长发育。胎儿在妊娠前期的重量增加不到初生重的 5％，而到后三分之二时期，重量增加可占到初生重的 83％～85％；妊娠第四个月内，胎儿平均日增重为 40～50 g，第五个月为 120～150 g，母羊妊娠前期、后期营养需要存在较大的差异。妊娠前 3 个月，胎儿发育较缓慢，母羊的营养需要与空怀期基本相同，维持体重不变或轻微增重即已足够，对初配母羊可在这一基础上再增加 15％～20％，妊娠后期（妊娠最后 2 个月），胎儿生长迅速，80％～90％的胎儿重量在此期增加，故需要充足而全价的营养供给。

哺乳期是母羊所有生理阶段中营养需要量最高的时期，妊娠期的营养需要大约是维持需要的 2 倍，哺乳期为 3～4 倍。哺乳期内比妊娠初期和后期需要的营养物质分别高 82％和 24％，蛋白质分别高 70％和 19％。单羔哺乳母羊的能量需要与妊娠开始 3～6 周相比，提高 30％，双羔哺乳母羊提高 50％。能量水平对绵羊的泌乳量有重要影响，特别是产后 12 周内影响更明显，代谢能的 65％～83％用于产奶，因饲料营养价值不同而有很大差异。成年母羊泌乳期能量需要包括维持需要和产奶需要，未成年羊还应包括生长所需要的能量。有研究报道，母羊自身日增重 50 g 时，每日需要代谢能 1.47 MJ。哺乳期大部分母羊的体重都有所减少，是泌乳消耗身体贮备造成的。在哺乳期前 6 周内，母羊的体重减少 4～8 kg，蛋白质平均损失 800 g，约占体蛋白的 10％。母羊体重下降时代谢能的损失为24～90 MJ/kg。

（1）日粮能量补充对产前产后母羊的影响　不同生理时期的能量水平对羊的生产性能有很大的影响。空怀期能量水平对母羊的受胎率有明显影响；妊娠期的能量水平对羔羊的初生重、成活率和生长潜能有很大影响；哺乳期能量水平影响羔羊的生长率。生长期小羊的能量水平决定了其体增重、生长性能等。

研究表明，空怀母羊代谢能的利用率为 53％，而饲喂相同日粮的妊娠母羊对代谢能的利用率仅为 47％。一般来说，应该在空怀期间加强饲养，使母羊能够恢复体况，达到配种要求。空怀期母羊因为自身未妊娠、不泌乳，所以往往容易被忽视，但空怀期母羊的营养状况影响自身发情、配种和受孕的情况。当空怀期母羊处在较为理想的营养状况时，受胎率与繁殖成活率会升高。研究发现，母羊在妊娠期 85～100 天时，代谢能用于孕体发育需要的利用系数为 0.12～0.135。在妊娠期，绵羊用于维持自身的能量需要高于妊娠的能量需要。妊娠期的能量需要主要是用于维持自身的能量需要和体内胎儿以及附属产物所需。据 NRC 报道，妊娠母羊在妊娠早期时，胎儿增长速度缓慢，几乎不需要额外能量。据 ARC 报道，胎儿在妊娠 63 天后开始缓慢增长，91 天后增长的速度加快，在 119 天后进入快速增长时期，因此，在妊娠后期，就必须有额外的能量摄入才能满足胎儿生长发育的需要。绵羊的维持需要高于泌乳的能量需要。湖羊的吮乳羔羊、育成羔羊与哺乳单羔羊的增重效率分别为 0.68、0.31 和 0.70。

负能量平衡是一种能量消耗不足的状态，其特征是脂肪分解以满足生理能量消耗。广泛的负能量平衡在高产反刍动物中很常见，会导致严重的代谢紊乱和疾病，例如妊娠毒血症和酮症。尽量减少负能量平衡的策略包括使用高能量饲料补充剂，如甘油和丙二醇，或在严重低血糖期间静脉输注葡萄糖。这种负能量平衡是在营养缺乏期间形成的，并且在处于妊娠晚期到泌乳早期的过渡期间的反刍动物中非常常见，此时它们的能量需求达到峰值并且常常超过日粮中提供的能量。葡萄糖不足和脂肪分解过度可能导致高酮血症和脂肪肝，这被认为是产生妊娠毒血症和哺乳期酮症的根本原因。与哺乳期酮症不同，妊娠毒血症在多产的绵羊和山羊品种中普遍存在，很少是可逆的，并且可能是致命的。因此，在过渡期增加日粮中的代谢能比例是集约化农业的关键要素，其临床目标是最大限度地减少低血糖和高酮血症。由于反刍动物在怀孕期间干物质摄入量减少，因此使用富含糖原的高能量补充剂（通常为液体和/或半固体糖蜜形式）已成为反刍动物营养中不可或缺的一部分。多胎妊娠可能是怀孕母羊发生负能量平衡的主要原因，因为与维持水平相比，它增加了能量需求并增加了子宫体积，这从物理上限制了瘤胃的容量并减少采食量，从而导致能量摄入减少。丙二醇（PG）和甘油是常见的能量物质，用于补充反刍动物的能量需要，以尽量减少与能量缺乏相关的代谢紊乱的发生。研究发现，PG 和甘油均能有效降低高酮血症，并分别抑制脂肪分解。令人惊讶的是，只有甘油具有生糖作用和促进胰岛素形成，而 PG 主要用于生产乳酸。组织损伤生物标志物表明，PG 具有溶血活性。这项研究表明，静脉输注甘油是一种有效缓解能量负平衡的优质静脉注射治疗方法。由于不存在葡萄糖超载的风险，静脉输注甘油在治疗妊娠毒血症和酮症方面也可能比葡萄糖具有临床优势。同样，Abd-allah 报告称，以高能量补充饲料喂养的母羊血浆中的甘油三酯水平略有增加，有些研究报告，妊娠后期甘油三酯和胆固醇的水平较高。

额外补充能量的母羊妊娠末期体重没有显著差异，但净重会有所下降，这种减少可能是妊娠最后阶段胎儿发育和生长的结果，在整个妊娠阶段，母体需要通过动员母体组织储备来满足胎儿发育和生长以及乳腺发育，所以体重减轻了。然而，这种额外的能量储备使得所有能量补充组中羔羊体重较高，这与 Murniati 等的研究结果一致。羔羊的生长表现和体重与妊娠后期母体的能量补充相关联。此外，Mahfuz 等指出，怀孕山羊补充能量饲料对其羔羊的体重有积极影响。这表明能量在妊娠后期发挥着特别重要的作用，这一时期的营养需求受到血液代谢和营养平衡的影响。

（2）日粮蛋白、氨基酸补充对产前产后母羊的影响　产前应注意日粮蛋白中粗蛋白和瘤胃降解蛋白的配比，更准确的日粮评估则需要计算代谢蛋白的供应。围产前期体组织内的蛋白贮存，有利于胎儿和乳腺的发育，也可在产后动员用于泌乳和减少代谢疾病，包括肌肉组织和内脏器官。围产期的氨基酸平衡也是影响生产性能的因素之一。产前日粮的氨基酸平衡对于产后生产性能的发挥具有积极作用，特别是蛋氨酸和赖氨酸的比例接近 1：3。蛋氨酸同时参与体内极低密度脂蛋白的合成，协助肝脏的脂肪代谢。

饲料中蛋白质进入瘤胃，约有 $50\%\sim70\%$ 被瘤胃微生物降解，这一部分蛋白质称为瘤胃降解蛋白（RDP），RDP 经微生物作用降解成肽和氨基酸，氨基酸经脱氨基，生成有机酸、二氧化碳和氨气。瘤胃微生物将 RDP 降解所产生的氨与一些简单的肽类和游离氨基酸，合成微生物蛋白，但由于蛋白质的含量及瘤胃降解率不同，使氨的释放量和释放速度不一。在绝大多数情况下，蛋白质降解速度比合成快，当氨的释放速度超过微生物所能利用氨最大浓度时，就会使氨在瘤胃内积聚，被瘤胃壁吸收，通过血液输送到肝脏后，再经鸟氨酸循环合成尿素。一部分尿素通过氮素循环回到瘤胃中，经嗳气损失一部分，一部分经尿液排出体外，还有一部分进入乳腺后随着乳汁排出体外。瘤胃液中的氨是蛋白质在瘤胃降解和合成过程中形成的重要中间产物。当日粮营养不均衡时，可能出现瘤胃能氮不平衡，若能氮平衡为负值时瘤胃中高浓度的氨可引起瘤胃 pH 值升高和增加胃壁对氨的吸收，使血和奶中尿素氮浓度升高。另一部分饲料中的蛋白质在瘤胃未被降解，称作过瘤胃蛋白质（RUP），RUP 和瘤胃微生物蛋白进入真胃和小肠，被分解为氨基酸后被肠壁吸收，经血液运输到肝脏，合成体蛋白。在胃肠道中未被消化、吸收的蛋白质，随粪便排出体外。

羊的蛋白质需求定义为可代谢蛋白质（MP）、小肠中真正可消化的真蛋白质（PDI）或离开胃的可消化蛋白质（DPLS），本质上都是指在反刍动物小肠中真正消化的蛋白质。以 MP 为例，它包括瘤胃合成的微生物粗蛋白、瘤胃未降解蛋白以及较小比例的内源粗蛋白。NRC 指出，膳食 MP 浓度范围为 CP 的 60% 至

80%，具体取决于未降解的膳食蛋白质的浓度。然而，体内评估 MP 并不容易，因为需要对动物进行插管，并且外科手术以及动物的日常护理既费力又昂贵。在这方面，大多数研究仅报告了维持和生长的 NP 需求。氨基酸是蛋白质和多肽的组成部分，而蛋白质和多肽是动物肌肉和组织的主要成分。它们也是乳汁等体液的重要组成部分。在这方面，氨基酸在动物生长、生产和繁殖中发挥着重要作用。缺乏必需氨基酸会降低羔羊的生长性能、胴体质量和器官发育。对于 60 至 120 日龄的羔羊，第一限制氨基酸是 Met，然后是 Lys。饲喂低蛋白（10%、12%、14%）饲料的杜泊×小尾寒羊杂交羊与正常饲喂（蛋白质含量 16% 日粮）的羊相比，添加瘤胃保护赖氨酸、蛋氨酸、苏氨酸和精氨酸对杜泊×小尾寒羊杂交羔羊的生长性能和胴体品质没有影响。

营养管理对于使母羊度过围产期这一关键时期并确保针对传染性疾病和寄生虫病的防御机制正常运行至关重要。有证据表明，均衡饮食可通过改善母羊的免疫反应来减少围产期营养需要升高的幅度或持续时间。由于食物摄入量减少、消化系统中蛋白质和血液的损失以及受影响组织的修复需要，蛋白质代谢是寄生虫感染期间受影响最大的部分。因此，在饲料中补充蛋白质有助于提高宿主对寄生虫的抵抗力和恢复能力。受感染的动物需要更多的能量来维持与未受感染的动物相似的体重增加，以促进免疫机制的发展。Yoel 等对热带环境中生产性和非生产性佩利布母羊围产期和哺乳期的研究发现，与低蛋白质水平喂养的动物相比，高蛋白质水平日粮对抑制母羊哺乳期的胃肠道线虫有显著影响。高水平的日粮蛋白质不仅可以改善放牧条件下佩利伊母羊的血液学反应，还有助于降低肠道感染胃肠道线虫的风险。相较于生产性母羊，未怀孕的母羊在面对胃肠道线虫感染时，展现出了较强的恢复力和抵抗力。这种膳食蛋白质对胃肠道线虫数量的抑制作用，主要是因为营养物质被重新分配，用以促进免疫保护因子的产生。胃肠道线虫感染造成的蛋白质损失，可以通过增加膳食蛋白质的摄入来弥补。因此，对于这类动物，其蛋白质需求量实际上高于当前对非感染寄生虫动物所建议的摄入量。

羊奶提供了乳羔羊所需的大部分营养，因此羊奶的成分和数量对于乳羊羔的生长非常重要。如果可以控制母羊的饮食来增加乳汁的产量或营养特性，那么乳羔羊的生长速度也会增加，哺乳羔羊的断奶前体重会增加，因此，可以减少哺乳期母羊的饲料和饲喂时间，减少成本。通过控制泌乳母羊的饲料来增加羊奶中的营养物质的含量，而不增加喂养泌乳母羊的成本，利润率会增加。

妊娠后期限制或补充蛋白质对母羊的后代生长性能、胴体性状和氮利用率会产生影响。在母羊妊娠的第 100 天饲喂总能量相似，包含三种不同比例代谢蛋白的日粮：60 MP（MP 占需求的 60%）；80 MP（MP 占需求的 80%）；100 MP（MP 占需求的 100%）。结果显示母羊初始体重、最终体重、平均日增重、发病率没有显著变化，对羔羊的胴体性状或初始体重、DM、NDF、ADF、氮消化率、粪便氮排泄量、氮平衡等大部分氮平衡参数均无影响，但是单位初始体重每日尿氮排泄量随 MP 摄入量的增加而线性降低，每日消化氮保留量随母体 MP 摄入量的增加而线性增加。

（3）其他营养措施对产前产后母羊的影响　对母羊添加纳米氧化锌（nZnO）与氧化锌（ZnO）的研究发现，无论锌的形态如何，添加锌都会增加 DM 消化率、DMI、瘤胃挥发性脂肪酸（VFA）、产奶量、TAC 和血清锌，但会降低乳汁体细胞计数（SCC）和瘤胃氨氮（$P<0.05$）。与饲喂 ZnO 的母羊相比，饲喂 nZnO 母羊具有更高的 DMI 和产后 DM 消化率。用 nZnO 替代 ZnO 后，瘤胃 VFA、氨氮、产奶性能和 SCC 没有受到影响。补充 nZnO 的母羊的血清总抗氧化能力（TAC）以及白细胞总数均高于饲喂 ZnO 的母羊。与 ZnO 组相比，饲喂 nZnO 的母羊的乳中锌浓度更高。饲喂 nZnO 代替 ZnO 没有改变母羊血清中 TAC、天冬氨酸转氨酶、丙氨酸转氨酶、γ-谷氨酰转移酶、Cu、Ca、P 和 Mg 的浓度。此外，母羊饲喂添加锌源的日粮对其乳羔血清中 TAC、酶和矿物质的浓度没有影响。使用 nZnO 代替 ZnO 可能是改善母羊瘤胃液和乳汁中的 DMI、DM 消化率、TAC、白细胞和乳锌浓度的有效方法，而不会影响血清中的 Cu、Ca、P、Mg 和 Zn 依赖性酶活性以及母羊血清中的磷和镁浓度。TAC 对母羊瘤胃液和乳汁、白细胞和乳汁中 Zn 的浓度无不良影响，对血清中 Cu、Ca、P、Mg 和 Zn 依赖性酶的浓度无不良影响。

中草药含有多种营养成分，如蛋白质、矿物质、维生素等，能够补充动物体内的营养需求。而中草药含有的多种活性成分，如黄酮类、多糖类、挥发油等，能够提高机体的免疫力，增强抗病能力，调节机体的生理机能，改善生产性能。而有些中草药含有抗氧化物质，能够清除自由基，减缓机体衰老过程，还有一些成分能够改善肉的品质和口感。另外，中草药大多源于天然植物，安全性较高，不易产生药物残留和毒副作用。近年也被人们用于羊的生产利用研究。

中草药饲料添加剂能够提升奶牛的产奶性能，同理，只要我们在使用时充分考虑到奶山羊的生长特性和中草药的配伍禁忌，它也能有效提高奶山羊的产奶性能。王秋芳等将由当归、黄芪、王不留行、川芎等中草药组成饲料添加剂添加到泌乳 50 天左右的萨能奶山羊的日粮中，研究结果表明，添加剂能通过影响机体 cAMP 和 cGMP 水平，增强其调节能力，使乳腺代谢加强，泌乳量增加，而且使机体细胞免疫水平提高、抗病能力增强，从而保证机体泌乳性能的进一步发挥。郭福存等在研究中使用沙棘果肉渣和沙棘叶作为奶山羊饲料添加剂，结果显示，添加剂组产奶量提高 3.82%～6.88%，饲料转化率提高 4.55%～8.04%，而添加剂饲喂的奶山羊其乳汁成分、食用价值与常奶无异。白式连等在奶山羊产后第 10 天向其日粮中添加含有当归、黄芪、川芎、王不留行等制成的中草药添加剂，饲喂量为每只喂 90 g/d，每日分 2 次饲喂，连续饲喂 10 d，结果显示不仅可以增加山羊泌乳量，而且可以明显降低隐性乳腺炎发病率。

2.4　母羊健康的影响因素

2.4.1　糖脂代谢紊乱

对于绵羊和山羊来说，一个特别关键的阶段是怀孕后期。将小型反刍动物与奶牛进行比较时，会发现妊娠期较短（绵羊和山羊平均为 147 天，而奶牛为 283 天）和较高繁殖力（出生时窝重与母体体重的比率高）的综合影响：绵羊和山羊的胎儿生长速度更快。事实上，在妊娠期非常关键的最后一个月，与通常怀有单胞胎的怀孕母牛相比，怀有双胞胎的小反刍动物的胎儿生长速度高出四倍，而怀有三胞胎的小反刍动物的胎儿生长速度则高出近六倍。这种营养需求变化是惊人的，会在短时间内导致营养需求呈指数级增长。除了更高的怀孕营养需求外，与牛相比，绵羊和山羊每公斤体重的维持需要也更高。

在怀孕期间，绵羊和山羊摄入大量草料导致瘤胃填充率较高，但这并不能反映不断增加的能量需求。这是因为瘤胃扩张和干物质摄入量受到子宫占据的空间的限制，并且可能受到分娩准备过程中发生的荷尔蒙变化的限制。事实上，研究发现与妊娠早期相比，妊娠期最后 2～3 周的膳食摄入量实际上显著减少，尤其是多产或肥胖的母鼠。

高产绵羊和山羊的繁殖力在集约化系统中通常高于粗放系统，这是由于在繁殖阶段进行了更好的营养管理，并且通常是由于实施了特定的集约化遗传选择过程和辅助生殖技术。在多胎妊娠结束时，由于负能量平衡逐渐升高，过度、快速的身体储备动员可能会诱发亚临床酮症，或者不太常见的临床酮症（妊娠毒血症）。高酮血症对动物健康的影响在奶牛中已有充分记录，在高产绵羊和山羊中也观察到了类似的结果。患有高酮血症的小反刍动物更有可能出现围产期问题、免疫抑制和相关传染病（例如乳腺炎、子宫炎和跛行），胃肠道寄生虫抵抗力降低。

分娩后，DM 摄入量通常非常低，并且增加缓慢，直到泌乳的 30～45 d 时达到峰值，因此最初会导致能量负平衡。这会导致母体在哺乳早期，身体储备快速调动并增加高酮血症的风险，这在高产绵羊和山羊中也经常观察到。在最近的一项研究中，Pesántez-Pacheco 等观察到，产奶量＜0.77 L/d 的母羊在产后（52±5 d）血浆 β-羟基丁酸水平下降，但产奶量在 0.77～1.12 L 的母羊血浆 β-羟基丁酸水平继续上升。尽管如此，Pesántez-Pacheco 等认为，如果营养管理适宜，血液中应激有关的代谢物水平能维持在较合理的范围。

在哺乳期间，乳脂与蛋白质的比例或动员的脂肪酸与从头脂肪酸的比例可以反映绵羊的能量平衡。然而，需要对绵羊和山羊进行更多研究，以确定这些脂肪动员指标的参考值，使其达到奶牛所达到的准确水平。

2.4.2　胰岛素抵抗

胰岛素抵抗（insulin resistarnce，IR）最先于 1922 年被提出，人们发现在使用胰岛素治疗高血糖时，突然需要增大胰岛素剂量才能达到以前的降糖效果。现在 IR 不再特指胰岛素治疗中的一个并发症，而泛指胰岛素的生理效应低于正常水平的现象，表现为胰岛素作用的靶器官（主要是肝脏、肌肉以及脂肪组织，也包括血管内皮细胞和动脉平滑肌细胞等）对外源性或内源性胰岛素作用的敏感性降低。研究发现，IR 参与多种疾病的发病，包括肥胖、肠道菌群紊乱、非酒精性脂肪肝病、血管内皮障碍、败血症、生长激素过多、多囊卵巢综合征、肿瘤、神经退行性疾病等。

妊娠过程也是机体为繁育和分娩快速蓄积脂肪与能量的过程。在妊娠期间，由于母畜和胎儿生长需要，胰腺分泌胰岛素增多；胎盘产生的胰岛素酶以及激素等拮抗胰岛素的作用，导致其相对不足。血糖和胰岛素水平高有利于胎儿葡萄糖的供给。妊娠期间，胎盘泌乳素的增加促进了胰岛素的分泌。为了维持母体的血糖，胰岛素受体底物减少，磷脂酰肌醇 3-激酶对胰岛素的反应降低，导致胰岛素分泌增加 2 倍以上，但其介导的葡萄糖代谢减半。妊娠后期，这种生理性改变的目的是为胎儿提供葡萄糖、氨基酸、脂肪酸以及酮类等物质，以利于胎儿的正常生长发育。

　　致其出现生理性 IR 的因素主要有：①机体为满足胎儿生长和乳腺发育。妊娠后期胎儿快速生长和乳腺迅速发育需要大量的营养物质，因此母体通过调整其自身的能量分配，降低自身对胰岛素的敏感性，从而导致胰岛素分泌增加，致使母体出现 IR。分娩后机体胰岛素分泌量恢复正常，但敏感性降低。另外，由于胰岛素分泌增多，胰岛的结构和功能也会发生变化，例如 β 细胞明显肥大和增生、β 细胞间的连接裂隙增加、胰岛淀粉样多肽（APP）分泌明显升高等，这些均与 IR 的发生和发展有关。②母体激素发生变化。随着妊娠周的增加，胰岛素的对抗激素如皮质醇、雌激素、孕酮、抵抗素和肿瘤坏死因子-α（TNF-α）等分泌增加，进一步加重机体产生 IR。③胎盘分解脂肪的激素分泌增多。妊娠后期，胎儿快速生长导致胎盘分解脂肪的激素分泌增多，母体血浆中游离脂肪酸（FFA）含量增加，子宫平滑肌产生的二酰甘油含量增多，激活蛋白激酶 C，这导致酪氨酸激酶活性下降，抑制 3-磷酸肌醇激酶活性，从而使机体不能利用胰岛素摄取葡萄糖，引起胰岛素代偿性增加，进而导致机体发生 IR。生理性 IR 是母畜在妊娠后期的正常生理过程，是对胎儿以及母畜繁殖性能均有利的生理过程，是导致妊娠后期母畜发生 IR 的主要因素之一。但是，妊娠后期母畜产生的生理性 IR 极易发展成病理性 IR，影响胎儿的生长发育，从而降低繁殖性能和泌乳性能。

　　Tol 样受体（TLRs）作为模式识别受体不仅在感染免疫和损伤诱导的炎症反应中发挥重要作用，而且参与代谢相关疾病的发生及发展。TLRs 介导的炎性信号通路对胰岛素抵抗的发生发展起重要作用。TLR2 和 TLR4 可激活 IKKBINF-xB、c-Jun 氨基末端激酶（JNK）、p38 丝裂原活化蛋白激酶（p38MAPK）通路，直接抑制 IRS-1 酪氨酸磷酸化，导致胰岛素信号通路损伤，抑制其下游激酶 PIB3K 和 Akt 的活化。同时促进 TNFa、IL-6、IL-1β 等炎性因子与肝细胞上胰岛素受体（InsR）结合，使 IRS 发生丝氨酸位点磷酸化，诱发胰岛素抵抗。Li 等研究发现，脂肪肝奶牛肝脏 TLR2、TLR4 基因和蛋白水平表达升高，且高 NEFA 可促进 TLR-IKS-NF-xB 炎性信号通路的活化。Shi 等采用体外试验也证实，高浓度的 NEFAs 或 BHBA 可以激活奶牛肝细胞 IKKSINF-xB 炎性信号通路，促进炎性因子 TNFa、IL-6、IL-1β 表达和分泌。此外，健康奶牛静脉注射脂肪的研究结果表明，炎性因子 TNFa、IL-6 的含量显著增加，且出现胰岛素信号通路受损。

这些研究表明，酮病和高 NEFA 血症可过度激活肝脏炎性信号通路，引发胰岛素抵抗。Zhang 等研究发现，酮病奶牛胰岛素受体表达水平降低，这进一步证实炎症可引起胰岛素抵抗。临床研究发现，酮病和脂肪肝奶牛炎性水平均显著高于健康奶牛，持续的高炎性水平加重胰岛素抵抗，而这进一步促进奶牛能量代谢障碍性疾病酮病和脂肪肝的发生和发展。

2.4.3 氧化应激

活性氧化物（ROS）是非常小的分子，由于存在未配对的电子而具有高度活性。它们是细胞氧代谢的正常副产品，但在环境压力下，产生的 ROS 数量会增加。如果 ROS（活性氧）超出了抗氧化剂的防御能力，它们就会造成生物伤害。ROS 发生在新陈代谢或炎症的增加过程中，从而导致疾病和细胞损伤并加强炎症。

氧化应激是指当活性氧（ROS）的产生超过抗氧化机制的中和能力时，活性氧的积累，并已被确定为导致围产期免疫抑制的重要潜在因素。一定水平的 ROS 对免疫反应至关重要，因为它们有助于氧化能力加强，杀死被中性粒细胞或巨噬细胞吞噬的病原体。不幸的是，如果 ROS 过度积累，也会导致宿主细胞受损。氧化应激从根本上与过度的脂质动员有关，从而与代谢应激有关。当用作外周组织的能源时，NEFA 在 β-氧化过程中增加了 ROS 的产生。氧化应激会加剧 NEFA 和 BHBA 浓度的上升，从而间接引发免疫抑制。有证据表明，ROS 可以激活NF-kB，导致 TNF 的释放，TNF 是一种促炎细胞因子，可增加线粒体 ROS 的产生并直接刺激脂解，同时降低 DMI。这些作用导致 ROS 产生恶性循环和上述代谢应激的免疫抑制作用。

抗氧化补充剂的研究进一步证明了氧化应激会导致免疫功能障碍及其对牛免疫过度的有益影响。维生素 E 和硒（Se）都以其抗氧化特性而闻名，在奶牛中补充维生素 E 和硒已被证明有益于免疫功能，可以增加吞噬作用、细菌杀伤和中性粒细胞的氧化代谢。此外，研究发现维生素 E 能够提升巨噬细胞衍生的 IL-1 和MHC Ⅱ 的表达水平，同时促进有丝分裂原诱导的牛 PBMC 产生 IgM；而 Se 则可以增强中性粒细胞在遭受大肠杆菌感染后对乳腺的趋化性。这些结果表明，氧化应激可能是导致免疫功能障碍的潜在因素，并表明补充抗氧化剂有可能提高抗病性。

2.4.4　免疫抑制

妊娠母体能耐受带有父方遗传基因的胎儿而不发生排斥反应，是一种极其复杂的免疫现象。研究认为妊娠时由于胚胎抗原缺乏向母体淋巴细胞呈递的能力，或者由于母体淋巴细胞功能被抑制，从而降低了母-胎之间的免疫学相互作用。

奶牛过渡期发生的极端生理变化与免疫功能障碍的发展之间存在着复杂的联系。营养、激素变化和免疫力之间存在着一种微妙的动态关系。泌乳的营养需求急剧增加是过渡期的标志，葡萄糖需求增加了三倍，氨基酸需求增加了两倍，脂肪酸需求增加了五倍。因此，代谢活性的急剧增加通过增加细胞呼吸和非酯化脂肪酸（NEFA）的 β-氧化在外周组织中获取能量而导致氧化应激。最后，由于健康产仔需要生殖激素的特定变化，并且分娩会导致糖皮质激素的释放，因此过渡期奶牛的激素水平发生了显著变化。

哺乳期开始时营养需求的急剧增加，加上临近产仔时的食欲抑制，导致了极端的代谢压力。脂肪组织的过度动员是为了满足哺乳期的营养需求，并导致循环中 NEFA 和酮（如 β-羟基丁酸）的浓度升高。大量证据表明，NEFA 和 BHBA 升高会导致免疫功能改变，导致免疫抑制。已经观察到，在接近分娩时奶牛血清中的 NEFA 浓度升高，在产仔后不久达到峰值。血清 NEFA 是反映产仔后脂肪动员水平的指标，当 NEFA 水平超过肝脏可完全氧化的水平时，BHBA 水平会大幅升高。然而，这种反应是可变的，取决于几个因素，如产前身体状况评分和牧草质量。尽管观察到 NEFA 浓度增加是正常的，但接近产羔时 NEFA 的浓度高于 0.4 mmol/L，存在引起多种疾病的潜在风险，包括胃移位（DA）和 RP，以及在 60 DIM 之前淘汰的可能性增加。

尽管有证据表明 NEFA 能调节免疫反应，但其作用仍知之甚少。产前高浓度 NEFA 与常见围产期疾病增加以及泌乳早期扑杀奶牛数量增加之间的关系表明 NEFA 与免疫功能受损有关。然而，关于 NEFA 在免疫抑制中的作用，存在着相互矛盾的结果，可能是由于单个脂肪酸的作用不同，因为一般来说，不饱和脂肪酸会损害免疫反应，而饱和脂肪酸则会改善免疫反应。Ster 等观察到，升高的 NEFA 浓度不仅抑制了外周血单核细胞（PBMC）的增殖与功能，还削弱了中性粒细胞的氧化爆发能力。相反，Scalia 等先前的一项研究发现，在高 NEFA 浓度下，吞噬作用相关的氧化爆发活性显著增加，而细胞活力降低。有趣的是，Ster

等和 Scalia 等使用的 NEFA 混合物没有差异，这表明在可变反应中还有其他影响因素。

人们普遍观察到高酮症会对奶牛的正常免疫功能产生负面影响。酮体的存在已被证明显著抑制外周血淋巴细胞的增殖以及牛骨髓细胞的增殖。几项研究表明，酮症或产后血酮水平升高也会抑制牛中性粒细胞的几种功能，包括趋化性、吞噬作用，以及抗微生物功能，如氧化爆发或细胞外陷阱，它们是先天免疫的关键组成部分。孕晚期类固醇激素的显著变化是健康产仔所必需的。雌二醇水平在产仔前大约 1 周迅速升高，在最后 3 天达到峰值，随后在分娩后下降。在整个妊娠期保持高水平的孕酮，在妊娠后期下降，在产仔前 2 天急剧下降。此时，这些广泛的变化与免疫功能受损有关。Chacin 等观察到黄体酮治疗与淋巴细胞增殖抑制之间的关系。雌二醇会损害中性粒细胞的迁移，并在迁移后损害其生存能力。此外，低浓度的雌二醇在体外抑制粒细胞祖细胞的增殖。最后，妊娠相关糖蛋白（牛早期妊娠检测的标志物）的峰值出现在受损的 PMN 氧化爆发之前。

分娩临近时，由于环境的变化以及分娩本身的压力性质，压力相关激素的增加也很常见。多年来，人们一直在观察各种物种的应激、糖皮质激素和免疫抑制之间的联系，最近的研究只是建立在我们对这种情况发生机制的了解之上。皮质醇和地塞米松（Dex）下调牛中性粒细胞表面的黏附分子 L-选择素和 CD18，从而损害趋化性。地塞米松也被发现会损害 PBML 产生的 IFN-γ 和 IgM，并消耗 T 细胞群和 NK 细胞，而氢化可的松被观察到会减少粒细胞和单细胞集落的生长，进一步表明糖皮质激素在免疫抑制中的作用。肾上腺素和去甲肾上腺素是额外的应激相关激素，可能通过刺激抑制细胞免疫反应的抗炎细胞因子而导致免疫抑制。然而，考虑到分娩前后应激激素的短期升高，这些影响不太可能是围产期免疫抑制的主要原因。

2.5　母羊产前产后营养不平衡

母羊在妊娠后期和泌乳阶段，体内伴随着多种不同激素水平的变化，并带来各种生理机能的显著改变。妊娠是一种被认为可以改变动物代谢的生理状态，在妊娠期，母畜的营养利用率提高，母体激素水平会发生剧烈变化，调节营养物质流向合成活性和能量产生较高的怀孕子宫。随着泌乳期的开始，母羊的营养分配和新陈代谢随之发生改变。在此过程中，母羊的营养物质获取也存在很大的变化，容易导致各种营养的不平衡而动员机体的营养物质储备来满足生产，但也可能导致多种疾病的发生。

在围产期会出现采食量下降的情况。这不是反刍动物所特有的，而是发生在各种物种中，是对此时发生的代谢适应的正常反应。摄入量下降不仅仅发生在产犊前后，而是从妊娠后期开始，一直持续到哺乳早期。摄入量调节（采食量下降）是一个复杂的过程，涉及激素、营养物质、代谢物、肠道肽、神经肽和细胞因子。对摄入量调节的研究大多是从人类和实验室动物中推断出来的，很少有信息描述对反刍动物的影响。

2.5.1　饲料中脂肪不平衡

围产期的内分泌和代谢状态发生明显变化，脂肪分解增加而合成减少，葡萄糖合成和肝糖原分解增加，蛋白质代谢增加，矿物质的体贮动员和肠道吸收增加。围产期体内胰岛素浓度偏低，组织利用葡萄糖能力下降，更多的是分解脂肪作为能量来源，这同时是增加泌乳的信号。脂肪的分解产物游离脂肪酸经肝脏吸收可用作能量来源或转化为酮体释放到血液，酮体可作为其他组织的能量来源。如果肝脏无法合成或及时输出富含甘油三酯的脂蛋白，过多的游离脂肪酸将以甘油三酯的形式贮存到肝细胞中。脂肪分解产生的大量非酯化脂肪酸（NEFA），难以被完全氧化时就会产生大量酮体，增加患脂肪肝和酮病的概率，而且整个过程可能仅在几天内就迅速发生。生产中通常会利用过瘤胃脂肪的形式来增强产前产后的脂肪摄入，减少机体脂肪的分解，满足能量需求。

2.5.2　饲料中蛋白质不平衡

产前日粮蛋白应注意粗蛋白和瘤胃降解蛋白的配比，更准确的日粮评估则需要计算代谢蛋白的供应。围产前期体组织内的蛋白贮存，有利于胎儿和乳腺的发育，也可在产后动员用于泌乳和减少代谢疾病，包括肌肉组织和内脏器官。围产期的氨基酸平衡也是影响生产性能的因素之一。产前日粮的氨基酸平衡对于产后生产性能的发挥具有积极作用，特别是蛋氨酸和赖氨酸的比例接近 1∶3。蛋氨酸同时参与体内极低密度脂蛋白的合成，协助肝脏的脂肪代谢。

饲料中蛋白质进入瘤胃，约有 50%～70% 被瘤胃微生物降解，这一部分蛋白质称为 RDP，RDP 经微生物作用降解成肽和氨基酸，氨基酸经脱氨基，生成有机酸、二氧化碳和氨气。瘤胃微生物将 RDP 降解所产生的氨与一些简单的肽类和游离氨基酸，合成微生物蛋白，但由于蛋白质的含量及瘤胃降解率不同，使得氨的释放量和释放速度不一。在绝大多数情况下，蛋白质降解速度比合成快，当氨的释放速度超过微生物所能利用氨最大浓度时，就会使氨在瘤胃内积聚，被瘤胃壁吸收，通过血液输送到肝脏后，再经鸟氨酸循环合成尿素。一部分尿素通过氮素循环回到瘤胃中，经嗳气损失一部分，一部分经尿液排出体外，还有一部分进入乳腺后随着乳汁排出体外。瘤胃液中的氨是蛋白质在瘤胃降解和合成过程中形成重要中间产物。当日粮营养不均衡时，可能出现瘤胃能氮不平衡，若能氮平衡为负值时瘤胃中高浓度的氨可引起瘤胃 pH 值升高和增加胃壁对氨的吸收，使血和奶中尿素氮浓度升高。另一部分饲料中的蛋白质在瘤胃未被降解，称 RUP，RUP 和瘤胃微生物蛋白进入真胃和小肠，被分解为氨基酸后被肠壁吸收，经血液运输到肝脏，合成体蛋白。在胃肠道中未被消化、吸收的蛋白质，随粪便排出体外。

2.5.3　饲料中钙（Ca）、磷（P）比例失调

围产前期体内 Ca 来源主要依靠消化道对日粮 Ca 消化吸收、肾脏重吸收和骨钙动员，去路主要为维持需要、胎儿发育和排泄，围产后期 Ca 去路为维持需要、泌乳需要和排泄。Ca 在正常成年动物血液中范围为 $2.1 \sim 2.5$ mmol/L，是许多酶的激活物，参与肌肉收缩活动、血液凝固过程、神经冲动的传导，维持毛细血管膜的通透性，同时也参与免疫细胞功能维持。Martinez 等诱导干奶期奶牛产生亚临床低钙血症，使血液 Ca 低于 1.0 mM，结果显示，患亚临床低钙血症奶牛血液中性粒细胞吞噬能力和氧化爆发能力（$P < 0.01$）均显著下降。在围产前期胎儿发育的 Ca 需求与泌乳需求相对较低，通过日粮 Ca 摄入能基本维持较稳定的血Ca 水平；产后，泌乳启动和采食迟滞，此时 Ca 输出远大于 Ca 摄入，常导致低血钙的出现。此时，机体需要动员血钙稳衡机制来调节血 Ca 水平。

体内血钙调节激素的作用机制是维持体内血钙平衡的重要机制，依靠甲状旁腺素（PTH，Parathyroid Hormone）、降钙素（CT，Calcitonin）和 1,25 二羟维生素 D 在骨骼、肾脏、小肠、乳腺组织以及血 Ca 池之间的协调维持机体 Ca 代谢的平衡。PTH 作为血钙稳衡机制的最先反应调控激素，由甲状旁腺细胞分泌，

甲状旁腺的钙敏感受体（CaSR）可根据血 Ca 水平刺激 PTH 分泌，分泌到血液循环中的 PTH 通过各靶组织 PTH 受体发挥作用。如作用于肾脏 PTH 受体，提高肾小管对 Ca 的重吸收，减少尿 Ca 排泄，但也有学者认为肾小管对 Ca 的重吸收不受 PTH 的调控。PTH 可作用于骨组织破骨细胞 PTH 受体，促进破骨活动、骨钙动员，泌乳期的骨钙动员还可由 PTH 相关肽（PTHrP）调控，发挥与 PTH 类似的作用。机体内 1,25(OH)VD 的来源主要是日粮摄入和光照下皮肤合成维生素 D，在血液中与维生素 D 结合蛋白（VDBP）结合转运至肝脏羟化为 25(OH)VD，是维生素 D 在体内的主要存在形式，进一步转运至肾脏近端小管中由 25(OH)-1α 羟化酶（25OH-1α-OHase）合成 1,25(OH)VD 活性形式，此步骤是维生素 D 合成的限速步骤。

2.5.4　饲料中维生素缺乏

维生素是一类在动物体内含量极少，维持动物体正常生理机能所必需的，具有高度生物活性的有机化合物。维生素主要以辅酶和催化剂的形式广泛参与体内代谢的多种化学反应，维生素缺乏可引起机体代谢紊乱，影响动物健康和生产性能。绵羊需要所有的脂溶性维生素，其瘤胃能合成维生素 K，而维生素 A、维生素 D、维生素 E 须由日粮供给。另外，处于妊娠后期和泌乳初期的母羊对维生素的需要增大，一些水溶性维生素也需要考虑补充。

维生素 A 对于动物上皮细胞的正常发育是必不可少的，如果缺乏则可在某种程度上引起不育。主要表现为：公、母羊的初情期延迟，母羊流产或少产，新生羔羊失明或共济失调，胎衣不下，发病率高，胎盘发生角化变性，子宫炎的发病率升高；公羊性欲降低，睾丸萎缩，曲精细管中精子的数量减少，母羊的卵巢机能减退。有研究人员发现在缺乏 β-胡萝卜素而维生素 A 充足的情况下可引起肝酮含量下降，排卵延迟，发情强度降低，卵巢囊肿发病率上升，子宫复旧延迟，产后卵巢恢复机能的时间延长，早期胚胎死亡率升高。

维生素 E 和硒是重要的抗氧化剂，主要作用于垂体前叶，促进分泌性激素，有利于母羊的发情、排卵、受孕和胚胎着床，防止流产，提高母羊的生殖机能。维生素 E 不足时可导致母羊的繁殖能力降低，发情不正常，排卵数减少，胚胎易死亡等。

缺乏维生素 D，羔羊的消化道内对钙和磷的吸收自然就会减少，未被吸收的钙和磷就随粪便和尿液排出体外，造成羔羊体内血清中的钙和磷浓度快速下降，钙和磷在羔羊骨中的沉淀减少，引起羔羊骨骼松软，四肢弯曲变形和肿大。

参考文献

［1］Apple J K, Unruh J A, Minton J E, et al. Influence of repeated restraint and isolation stress and electrolyte administration on carcass quality and muscle electrolyte content of sheep ［J］. Meat Science, 1993, 35（2）: 191-203.

［2］Asma Z, Sylvie C, Laurent C, et al. Microbial ecology of the rumen evaluated by 454 GS FLX pyrosequencing is affected by starch and oil supplementation of diets ［J］. FEMS Microbiology Ecology, 2013, 83（2）: 504-514.

［3］Bailey A N, Fortune J A. The response of Merino wethers to feedlotting and subsequent sea transport ［J］. Applied Animal Behaviour Science, 1992, 35（2）: 167-180.

［4］Bates L S W, Ford E A, Brown S N, et al. A comparison of handling methods relevant to the religious slaughter of sheep ［J］. Animal Welfare, 2014, 23（3）: 251-258.

［5］Brun-lafleur L, Delaby L, Husson F, et al. Predicting energy × protein interaction on milk yield and milk composition in dairy cows ［J］. Journal of Dairy Science, 2010, 93（9）: 4128-4143.

［6］Capomaccio S, Milanesi M, Bomba L, et al. MUGBAS: a species free gene-based programme suite for post-GWAS analysis ［J］. Bioinformatics, 2015, 31（14）: 2380-2381.

［7］Chang G, Zhang K, Xu T, et al. Feeding a high-grain diet reduces the percentage of LPS clearance and enhances immune gene expression in goat liver ［J］. BMC Veterinary Research, 2015, 11（1）: 67.

［8］Cozar A, Rodriguez A I, Cebrián P G, et al. Effect of space allowance during transport and fasting or non-fasting during lairage on welfare indicators in Merino lambs ［J］. Spanish Journal of Agricultural Research, 2016, 14（1）: 9.

［9］Dalmau A, Di Nardo A, Realini C E, et al. Effect of the duration of road transporton the physiology and meat quality of lambs ［J］. Animal Production Science, 2013, 54（2）: 179-186.

［10］De la Fuente J, Sánchez M, Pérez C, et al. Physiological response and carcass and meat quality of suckling lambs in relation to transport time and stocking density during transport by road ［J］.Animal, 2010, 4（2）: 250-258.

［11］Dervishi E, Zhang G, Hailemariam D, et al. Occurrence of retained placenta is preceded by an inflammatory state and alterations of energy metabolism in transition dairy cows ［J］. Journal of Animal Science and Biotechnology, 2016, 7 (1): 1-13.

[12] Dieho K, Dijkstra J, Schonewille J T, et al. Changes in ruminal volatile fatty acid production and absorption rate during the dry period and early lactation as affected by rate of increase of concentrate allowance [J]. Journal of Dairy Science, 2016, 99 (7): 5370-5384.

[13] Eckel E F, Zhang G, Dervishi E, et al. Urinary metabolomics fingerprinting around parturition identifies metabolites that differentiate lame dairy cows from healthy ones [J]. animal, 2020, 14 (10): 2138-2149.

[14] Ferdowsi Nia E, Nikkhah A, Rahmani H R, et al. Increased colostral somatic cell counts reduce pre-weaning calf immunity, health and growth [J]. Journal of animal physiology and animal nutrition, 2010, 94 (5): 628-634.

[15] Fernando S C, Purvis H T, Najar F Z, et al. Rumen microbial population dynamics during adaptation to a high-grain diet [J]. Applied and environmental microbiology, 2010, 76 (22): 7482-7490.

[16] Gaebel G, Martens H, Sündermann M, et al. The effect of diet, intraruminal pH and osmolarity on sodium, chloride and magnesium absorption from the temporarily isolated and washed reticulo-rumen of sheep [J]. Quarterly Journal of Experimental Physiology: Translation and Integration, 1987, 72 (4): 501-511.

[17] Gondro C, Werf J V D, Hayes B. Genome-wide association studies and genomic prediction [M]. USA: Humana Press, 2013.

[18] Godden S. Colostrum management for dairy calves [J]. Veterinary Clinics of North America: Food Animal Practice, 2008, 24 (1): 19-39.

[19] Hoeben D, Burvenich C, Massart-Leën A M, et al. In vitro effect of ketone bodies, glucocorticosteroids and bovine pregnancy-associated glycoprotein on cultures of bone marrow progenitor cells of cows and calves [J]. Veterinary immunology and immunopathology, 1999, 68 (2-4): 229-240.

[20] Hood L. A personal view of molecular technology and how it has changed biology [J]. Journal of Proteome Research, 2002, 1 (5): 399-409.

[21] Hungate R E, Dougherty R W, Bryant M P, et al. Microbiological and physiological changes associated with acute indigestion in sheep [J]. Cornell Veterinarian, 1952, 42: 423-449.

[22] Huntington G B. Energy metabolism in the digestive tract and liver of cattle: influence of physiological state and nutrition [J]. Reproduction Nutrition Development, 1990, 30 (1): 35-47.

[23] Hurley J C. Endotoxemia: methods of detection and clinical correlates [J]. Clinical microbiol-

ogy reviews, 1995, 8（2）: 268-292.

[24] Keskes S, Wondu M. Transition Period and Immunosuppression: Critical Period of Dairy Cattle Reproduction [J]. International Journal of Animal and Veterinary Advances, 2013, 5: 44-57.

[25] Khafipour E, Krause D O, Plaizier J C. Alfalfa pellet-induced subacute ruminal acidosis in dairy cows increases bacterial endotoxin in the rumen without causing inflammation [J]. Journal of dairy science, 2009, 92（4）: 1712-1724.

[26] Khafipour E, Li S, Tun H M, et al. Effects of grain feeding on microbiota in the digestive tract of cattle [J]. Animal Frontiers, 2016, 6（2）: 13-19.

[27] Kimura K, Goff J P, Kehrli Jr M E, et al. Decreased neutrophil function as a cause of retained placenta in dairy cattle [J]. Journal of dairy science, 2002, 85（3）: 544-550.

[28] Kinoshita M, Suzuki Y, Saito Y. Butyrate reduces colonic paracellular permeability by enhancing PPARγ activation [J]. Biochemical and biophysical research communications, 2002, 293（2）: 827-831.

[29] Kleen J L, Hooijer G A, Rehage J, et al. Subacute ruminal acidosis in Dutch dairy herds [J]. Veterinary Record, 2009, 164（22）: 681-684.

[30] Korhonen R, Korpela R, Moilanen E. Signalling mechanisms involved in the induction of inducible nitric oxide synthase by Lactobacillus rhamnosus GG, endotoxin, and lipoteichoic acid [J]. Inflammation, 2002, 26: 207-214.

[31] Lamote I, Meyer E, De Ketelaere A, et al. Influence of sex steroids on the viability and CD11b, CD18 and CD47 expression of blood neutrophils from dairy cows in the last month of gestation [J]. Veterinary research, 2006, 37（1）: 61-74.

[32] Lamote I, Meyer E, Duchateau L, et al. Influence of 17β-Estradiol, Progesterone, and Dexamethasone on Diapedesis and Viability of Bovine Blood Polymorphonuclear Leukocytes [J]. Journal of Dairy Science, 2004, 87（10）: 3340-3349.

[33] Leblanc S J, Lissemore K D, Kelton D F, et al. Major Advances in Disease Prevention in Dairy Cattle [J]. Journal of Dairy Science, 2006, 89（4）: 1267-1279.

[34] Lettat A, Nozière P, Silberberg M, et al. Experimental feed induction of ruminal lactic, propionic, or butyric acidosis in sheep1 [J]. Journal of Animal Science, 2010, 88（9）: 3041-3046.

[35] Lippolis J D, Peterson-burch B D, Reinhardt T A. Differential expression analysis of proteins from neutrophils in the periparturient period and neutrophils from dexamethasone-treated dairy cows [J]. Veterinary Immunology and Immunopathology, 2006, 111（3）: 149-164.

[36] Miranda-De La Lama G C, Villarroel M, Olleta J L, et al. Effect of the pre-slaughter logistic chain on meat quality of lambs [J] . Meat Science, 2009, 83 (4): 604-609.

[37] Saleem F, Ametaj B N, Bouatra S, et al. A metabolomics approach to uncover the effects of grain diets on rumen health in dairy cows [J] . Journal of Dairy Science, 2012, 95 (11): 6606-6623.

[38] Scalia d, Lacetera N, Bernabucci U, et al. In Vitro Effects of Nonesterified Fatty Acids on Bovine Neutrophils Oxidative Burst and Viability1 [J] . Journal of Dairy Science, 2006, 89 (1): 147-154.

[39] Shen Z, Seyfert H M, Löhrke B, et al. An energy-rich diet causes rumen papillae proliferation associated with more IGF type 1 receptors and increased plasma IGF-1 concentrations in young goats [J] . J Nutr, 2004, 134 (1): 11-17

[40] Shi X, Li D, Deng Q, et al. NEFAs activate the oxidative stress-mediated NF-κB signaling pathway to induce inflammatory response in calf hepatocytes [J] . The Journal of Steroid Biochemistry and Molecular Biology, 2015, 145: 103-112.

[41] Singh A K, Jiang Y, Gupta S. Effects of bacterial toxins on endothelial tight junction in vitro: a mechanism-based investigation [J] . Toxicol Mech Methods, 2007, 17 (6): 331-347.

[42] Sordillo L M, Raphael W. Significance of metabolic stress, lipid mobilization, and inflammation on transition cow disorders [J] . Vet Clin North Am Food Anim Pract, 2013, 29 (2): 267-278.

[43] Sordillo L M, Streicher K L. Mammary gland immunity and mastitis susceptibility [J] . J Mammary Gland Biol Neoplasia, 2002, 7 (2): 135-146.

[44] Steele M A, Schiestel C, Alzahal O, et al. The periparturient period is associated with structural and transcriptomic adaptations of rumen papillae in dairy cattle [J] . Journal of Dairy Science, 2015, 98 (4): 2583-2595.

[45] Steele M, Greenwood S, Croom J, et al. An increase in dietary non-structural carbohydrates alters the structure and metabolism of the rumen epithelium in lambs [J] . Canadian Journal of Animal Science, 2012, 92: 123-130.

[46] Ster C, Loiselle M C, Lacasse P. Effect of postcalving serum nonesterified fatty acids concentration on the functionality of bovine immune cells [J] . Journal of Dairy Science, 2012, 95 (2): 708-717

[47] Tajima K, Arai S, Ogata K, et al. Rumen Bacterial Community Transition During Adaptation to High-grain Diet [J] . Anaerobe, 2000, 6: 273-284.

[48] Thompson-crispi K A, Sargolzaei M, Ventura R, et al. A genome-wide association study of

immune response traits in Canadian Holstein cattle ［J］.BMC Genomics, 2014, 15
（1）：559.

［49］Tiwari J. Trends In therapeutic and Prevention Strategies for Management of Bovine Mastitis：
An Overview ［J］.Journal of Vaccines & Vaccination, 2013, 04：1-11.

［50］Walker C G, Meier S, Hussein H, et al. Modulation of the immune system during postpartum
uterine inflammation ［J］.Physiol Genomics, 2015, 47（4）：89-101.

［51］Weeks C A. A review of welfare in cattle, sheep and pig lairages, with emphasis on stocking
rates, ventilation and noise ［J］.Animal Welfare, 2008, 17（3）：275-284.

［52］Williams E J, Herath S, England G C W, et al. Effect of Escherichia coli infection of the bo-
vine uterus from the whole animal to the cell″［J］.Animal, 2008, 2（8）：1153-1157.

［53］Williams E J, Sibley K, Miller A N, et al. The effect of Escherichia coli lipopolysaccharide and
tumour necrosis factor alpha on ovarian function ［J］.Am J Reprod Immunol, 2008, 60
（5）：462-473.

［54］Zarrin M, Wellnitz O, Van dorland H A, et al. Induced hyperketonemia affects the mammary
immune response during lipopolysaccharide challenge in dairy cows ［J］.Journal of Dairy Sci-
ence, 2014, 97（1）：330-339.

［55］Zharikov Y A, Volodin V V Y, Volodina S O, et al. Effect of feed additives of Serratula coro-
natal L. leaves on metabolism and bioproduction process of ewes with lambs at foot in northern
environments ［J］.Russian Agricultural Sciences, 2017, 43：505-509.

［56］艾晓杰, 吴晓林, 朱勇琪, 等.初胎奶牛围产期某些血液生化成分的特点［C］//中
国畜牧兽医学会动物生理化学分会, 中国畜牧兽医学会动物营养学分会, 中国畜牧
兽医学会养牛学分会.动物生理生化学分会第八次学术会议暨全国反刍动物营养生
理生化第三次学术研讨会论文摘要汇编.［出版者不详］, 2004：276-277.

［57］才文明, 刘国文, 张加力.围生期能量负平衡奶牛胰岛素抵抗的研究进展［J］.黑龙
江畜牧兽医, 2017（03）：52-54.

［58］曹少奇.早期断奶对哈萨克羔羊生长性能及胃肠道发育的影响［D］.石河子：石河
子大学, 2016.

［59］程冬梅, 刘晓巍.胰岛素抵抗与妊娠结局关系的研究进展［J］.医学综述, 2018, 24
（07）：1284-1288.

［60］崔凯.基于转录组与蛋白质组联合分析揭示羔羊断母乳应激调控机制研究［D］.中
国农业科学院, 2016.

［61］邓雯.河南大尾寒羊的生物学特性研究［D］.南京：南京农业大学, 2005.

［62］丁耿芝, 孟庆翔.反刍动物干物质采食量预测模型研究进展［J］.动物营养学报,

2013，25（02）：248-255.

[63] 樊瑞锋. 奶牛胰岛素抵抗与脂肪肝发病关系的研究 [D]. 泰安：山东农业大学，2014.

[64] 付寅生，陆离，汪巩邦，等. 小尾寒羊生物学特性的研究（第一报）[J]. 畜牧兽医学报，1964（02）：31-40.

[65] 葛延发，李忠强，程广仁. 绵羊的生物学特性及饲养管理技术 [J]. 当代畜牧，2007（11）：7-9.

[66] 谷雪玲，陈将，李浩，等. 功能性寡糖调控母猪胰岛素抵抗及其作用机制的研究进展 [J]. 动物营养学报，2019，31（12）：5422-5430.

[67] 管国财. 刍议羊的饲养管理技术 [J]. 畜牧兽医科技信息，2014（02）：60-61.

[68] 郭晓艳. 饲料营养对羊繁殖功能的影响与防治 [J]. 现代畜牧科技，2019（02）：44-45.

[69] 何志勇，孟祝，蒋澳迪，等. 热应激对肉羊生产的影响研究进展 [J]. 中国畜牧杂志，2022，58（05）：59-64.

[70] 黄静东. 提高肉羊生产效益的技术措施 [J]. 畜牧兽医科技信息，2016（05）：76.

[71] 决肯·阿尼瓦什. 巴什拜羊生物学特性及其遗传多样性研究 [D]. 南京：南京农业大学，2010.

[72] 康晓龙. 不同能量和蛋白水平日粮对母羊繁殖性能的影响 [D]. 兰州：甘肃农业大学，2007.

[73] 李红宇. 日粮蛋白质水平对奶牛繁殖性能的影响 [D]. 大庆：黑龙江八一农垦大学，2010.

[74] 李佩健. 断奶日龄及蛋白质来源对羔羊增重和消化生理的影响 [D]. 重庆：西南大学，2009.

[75] 李运生. 小尾寒羊产后诱导发情及5种生殖激素变化的研究 [D]. 杨凌：西北农林科技大学，2007.

[76] 刘月琴，张英杰. 营养对母羊繁殖性能的调控 [J]. 中国草食动物，2007（S1）：89-90.

[77] 楼灿，邓凯东，姜成钢，等. 饲养水平对肉用绵羊空怀期和哺乳期能量代谢平衡的影响 [J]. 中国农业科学，2016，49（05）：988-997.

[78] 楼灿. 杜寒杂交肉用绵羊妊娠期和哺乳期能量和蛋白质需要量的研究 [D]. 北京：中国农业科学院，2014.

[79] 吕亚军，王永军，田秀娥，等. 中草药添加剂对滩羊泌乳性能的影响 [J]. 西北农林科技大学学报（自然科学版），2010，38（03）：77-82.

[80] 彭孝坤，赵天，黄晓瑜，等．急性热应激对山羊血液生化指标及血淋巴细胞热休克蛋白 70 家族基因表达的影响 [J]．畜牧兽医学报，2019，50（06）：1219-1229.

[81] 蒲雪松．补饲几种矿物元素和维生素及外源生殖激素处理对多浪羊母羊繁殖性能影响的研究 [D]．乌鲁木齐：新疆农业大学，2010.

[82] 祁敏丽．日粮能量和蛋白质水平对羔羊生长性能和胃肠道发育的影响 [D]．北京：中国农业科学院，2016.

[83] 石璐璐，王哲奇，徐元庆，等．热应激对绵羊血清免疫和抗氧化指标及相关基因相对表达量的影响 [J]．动物营养学报，2020，32（11）：5275-5284.

[84] 史晨迪，赵晓雅，田沛知，等．羔羊断奶应激期饲喂方式对其生长性能和血清生化指标的影响 [J]．动物营养学报，2022，34（06）：3799-3813.

[85] 孙爽．西农萨能羊羔羊培育方案及 1-15 月龄母羊生殖激素等指标变化规律的研究 [D]．杨凌：西北农林科技大学，2012.

[86] 孙燕勇．整合 eGWAS 和 eQTL 分析绵羊全血转录组与繁殖激素的关联 [D]．呼和浩特：内蒙古农业大学，2021.

[87] 孙照磊，王朋贤，舒适，等．奶牛酮病与胰岛素抵抗关系探讨 [J]．中国农业大学学报，2013，18（04）：141-146.

[88] 孙照磊．奶牛酮病的发病调查及酮病与胰岛素抵抗的关系 [D]．大庆：黑龙江八一农垦大学，2013.

[89] 王建国．围产期健康奶牛与酮病、亚临床低钙血症病牛血液代谢谱的比较与分析 [D]．吉林：吉林大学，2013.

[90] 王杰．小尾寒羊、滩羊生长性能及其主要消化生理参数的比较 [D]．杨凌：西北农林科技大学，2008.

[91] 王朋贤，许楚楚，孙雨航，等．胰岛素抵抗与奶牛 II 型酮病的关系 [J]．畜牧与兽医，2015，47（05）：76-80.

[92] 王世琴．断奶应激及饲喂白藜芦醇和地衣芽孢杆菌对羔羊胃肠道发育及其微生物区系的影响 [D]．兰州：兰州大学，2020.

[93] 王文奇，侯广田，罗永明，等．不同精粗比全混合颗粒饲粮对母羊营养物质表观消化率、氮代谢和能量代谢的影响 [J]．动物营养学报，2014，26（11）：3316-3324.

[94] 王玉珠，马桂花．羊白肌病例的诊治 [J]．中兽医学杂志，2015（02）：45-46.

[95] 危洪升．营养缺乏与羊繁殖障碍的关系 [J]．中国畜牧兽医文摘，2016，32（01）：65.

[96] 肖劲邦．围产期奶牛静脉血部分脂肪因子变化规律及其与酮病相关性研究 [D]．成都：四川农业大学，2019.

[97] 肖曙光，权凯，张长兴 . 营养缺乏与羊繁殖障碍 [J] . 河南畜牧兽医，2005（07）：
　　15-16.

[98] 张少丰 . 肉用绵羊妊娠期和哺乳期能量及蛋白质需要量的研究 [D] . 武汉：华中农
　　业大学，2015.

[99] 张翔飞 . 阴离子盐及钙添加对围产期奶牛血钙稳衡与脂肪代谢的影响 [D] . 成都：
　　四川农业大学，2019.

[100] 张学斌 . 天然饲料添加剂的优势与发展 [J] . 草业与畜牧，2011（10）：37-39+43.

[101] 赵天，王国军，彭孝坤，等 . 氨气和硫化氢应激对肉羊免疫及抗氧化功能的影响
　　　[J] . 畜牧兽医学报，2018，49（10）：2191-2204.

第 3 章

母羊产前产后的营养调控研究

3.1 营养性饲料添加剂的应用研究

3.1.1 过瘤胃蛋氨酸在妊娠后期和产后母羊的应用研究

3.1.1.1 过瘤胃蛋氨酸饲用研究现状

随着我国经济的快速发展和人民生活水平的提高，人们对奶、猪肉、羊肉、蛋等的需求逐年增长。蛋氨酸在满足我国乳品市场蛋白质需求方面发挥着重要作用，市场前景广阔。过瘤胃蛋氨酸作为一种优质的饲料添加剂，对家畜反刍动物的生长代谢、饲料营养供给和品质调控具有显著效果，能有效缓解家畜体内蛋白质代谢的不足。蛋氨酸是反刍动物生产中不可或缺的限制性氨基酸之一。然而，由于反刍动物的消化特性，直接添加蛋氨酸到日粮中会被瘤胃微生物分解，导致利用效率低下，无法满足动物需求。因此，须将其加工成过瘤胃蛋氨酸以提高利用率。

在实际生产应用中，过瘤胃氨基酸不仅能提高奶牛的产奶量、采食量和生产性能以及牛奶的乳蛋白率和乳脂率，还能促进氮的沉积，对奶牛生产具有重要意义。然而，过量摄入过瘤胃蛋氨酸可能导致机体代谢紊乱，甚至引发疾病和死亡。因此，必须合理调整配方，限制能量含量高的碳水化合物和脂肪的摄入，确保粗纤维含量的适宜性，并根据不同品种和季节的需求确定适宜的钙盐比例。此外，过瘤胃添加剂虽然含有丰富的营养成分，但不含消化酶，过多食用可能引起消化不良。为了满足日益增长的消费需求和减少资源浪费，必须开发新产品以补充乳制品的不足。经过多年研究，国内学者已成功研发出多种营养功能和氨基酸复合蛋白质产品配方，包括赖氨酸、色氨酸、苏氨酸、脯氨酸和胱氨酸等多种主要营养功能成分。这些产品的总赖氨酸含量达到或超过 50%，且随着核苷酸比例的增加而逐渐改善。同时，还有其他具有新技术开发前景的氨基酸类新品种正在研发中。

过瘤胃蛋氨酸是一种经过特殊技术处理的蛋氨酸，旨在安全地通过瘤胃，进入皱胃和小肠，进而被动物吸收和利用。这种处理技术通常采用物理或化学方法来实现。物理保护法主要是通过物理包埋的方式来保护蛋氨酸。利用油脂、纤维素等 pH 敏感物质，将蛋氨酸包裹或制成微胶囊颗粒，使其在通过瘤胃时得到保护。在皱胃、瓣胃和十二指肠等部位，这些包裹物质会分解，释放出游离的蛋氨酸以供动物吸收利用。根据使用的包裹物质不同，物理保护法可以分为壳聚糖包被、油脂包被、木聚糖等纤维素包被、聚合物包被等多种方法。此外，还包括热处理或酵母富集等方法。目前，油脂与纤维素包被是常用的物理保护方法。化学保护法则是通过化学合成反应将蛋氨酸转化为相关元素的衍生物、螯合物或聚合物。这种转化改变了蛋氨酸分子的内在化学结构和外表面形态，使其在瘤胃内无法被微生物正常分解和利用。这些转化产物可以顺利通过瘤胃，进入皱胃和十二指肠，在这里它们会被消化或吸收。这些物质会随血液进入肝脏，经过肝脏内的酶转化合成蛋氨酸，最终被机体利用。根据生成的中间产物种类，化学保护法可以分为蛋氨酸羟基衍生物和氨基酸金属螯合物类。前者主要包括 2-双羟基苯甲酸-4-亚甲硫基丁酸酐（HMB）衍生物、2-羟基-4-甲硫基丁酸异丙酯类（HMBi）衍生物以及羟基蛋氨酸钙（MHA-Ca）化合物等。其中，HMB 在牛羊的瘤胃壁中容易氧化降解，并与甲基异丙醇酸发生酯化加成反应生成水溶性的 HMBi 衍生物。后者则是通过与动物所需的微量元素结合制成金属螯合物，进而通过瘤胃进入皱胃和十二指肠被消化吸收。氨基酸金属螯合物具有稳定性好、使用方便、应用率高、满足微量元素需求以及适口性良好等优点。在牛羊生产中，常用的蛋氨酸添加剂包括蛋氨酸铜、锌、硒等。

多项研究表明，在奶牛日粮中添加过瘤胃蛋氨酸可以提高血浆中总胆固醇和葡萄糖浓度，同时降低血液中尿素氮的含量。例如，孙华等的研究显示，对日产奶量 30 kg 以上的荷斯坦牛每天喂食 25 g 的过瘤胃蛋氨酸，可以显著提升奶牛的乳蛋白率和日均产奶量。韩兆玉等的研究则表明，给热应激奶牛添加过瘤胃蛋氨酸可以提高平均日产奶量以及乳汁中乳糖含量、乳脂率和非脂固形物含量，同时增强超氧化物歧化酶和谷胱甘肽过氧化酶的活力。熊春梅等和 Noftsger 等的研究也均证实了在奶牛日粮中添加过瘤胃蛋氨酸可以提高乳脂率和产奶量。此外，Misciattelli 等的研究也发现，在奶牛日粮中添加 12 g 的过瘤胃蛋氨酸可以显著提高奶牛的乳脂率水平。

综上所述，过瘤胃蛋氨酸通过物理或化学方法保护蛋氨酸免受瘤胃微生物的分解，使其在皱胃和小肠中被吸收和利用。多项研究表明，在奶牛日粮中添加过瘤胃蛋氨酸可以提高奶牛的产奶量和乳汁品质，显示出其在反刍动物生产中的重要应用价值。

Pruekvimolphan 等的研究显示，在奶牛的日粮中添加过瘤胃蛋氨酸能显著提升其产奶量。Waggoner 等则发现，给安格斯杂交阉牛每天添加 14 g 过瘤胃蛋氨酸，能增加其血清胰岛素样生长因子的含量和血浆尿素氮水平，同时降低血浆缬氨酸含量。Archibeque 等的研究表明，在安格斯育肥牛的日粮中添加过瘤胃蛋氨酸能增加氮的表观生物学价值和存留量，并降低尿氮含量。而 Williams 等的研究结果指出，添加过瘤胃蛋氨酸能有效提高安格斯杂交阉牛的日增重。Liker 等则发现，在夏洛来牛的日粮中添加过瘤胃蛋氨酸可以降低其血浆尿素氮、白蛋白及总蛋白的含量，同时提高血糖、总胆固醇、肌酐和谷丙转氨酶的含量。此外，Berthiaume 等的研究表明，在初产牛的日粮中加入过瘤胃蛋氨酸能增加其奶中真蛋白的含量。Misciateellit 等的研究则发现，在泌乳早期奶牛的日粮中添加过瘤胃蛋氨酸能提高乳汁中乳蛋白和乳脂肪的含量，并认为这可能与过瘤胃蛋氨酸影响体液代谢有关，但这一机理仍需进一步验证。王永康等的研究显示，在奶牛日粮中添加 15 g 过瘤胃蛋氨酸能显著提高奶牛的生产性能，特别是产奶量。同时，过瘤胃蛋氨酸还能提升奶牛乳中的乳脂率，这可能与蛋氨酸影响乳腺中中链和短链脂肪酸的合成有关，但这一机制仍需进一步证实。

斯钦等以内蒙古细毛羯羊为研究对象，发现每天在其日粮中添加过瘤胃蛋氨酸能显著提高单位面积羊毛重量、平均日增重和羊毛增长量。而 Wright 等的研究则发现，在羔羊的日粮中添加不同水平的过瘤胃蛋氨酸能有效提高其血浆中的蛋氨酸含量，从而提高羔羊每日血浆细胞蛋白质中蛋氨酸水平的加权平均含量。燕磊等的研究发现，添加 0.485% 的过瘤胃蛋氨酸能显著降低小尾寒羊尿中尿素含量和氮及其占食入氮的比值，降低尿氮排出量，并显著提高氮的沉积。陈东等的研究则发现，在山羊饲粮中添加过瘤胃蛋氨酸能显著提高其血清中的促生长激素水平浓度和总氨基酸含量。

由于牛羊等反刍动物具有特殊的消化结构，蛋氨酸如果直接添加到饲料中会被瘤胃内的微生物迅速降解，从而减少其吸收利用。因此，采用过瘤胃蛋氨酸形式的添加剂来补充动物机体所需的蛋氨酸对提高反刍动物的繁殖性能和生长性能具有重要意义。目前，国内外关于过瘤胃蛋氨酸对泌乳期奶牛产奶性能和血液指标影响的研究较多，但对妊娠后期山羊的表观消化率、增重、血液生化指标的影响研究相对较少。因此，本研究以本地妊娠后期母羊为研究对象，旨在探究添加过瘤胃蛋氨酸对妊娠母羊营养物质的表观消化率、增重、繁殖性能、血清中生化指标及抗氧化指标的影响，为过瘤胃蛋氨酸在当地妊娠羊中的科学应用、蛋白质饲料资源的合理使用及提高当地妊娠羊的生产性能提供数据参考和科学依据。

3.1.1.2　试验材料与方法

（1）试验材料、试验设计与饲养管理　选取 26 只体重相似，健康，妊娠 90 d 的本地母羊，随机分为两组，即对照组与试验组，每组 13 只母羊，每只羊为 1 个重复；对照组饲喂基础日粮，试验组在基础日粮中添加 0.2% 的过瘤胃蛋氨酸。整个试验期到母羊分娩后结束，预饲 7 d。试验期间，每天早上 9 点与下午 6 点饲喂，自由饮水；其他随大群管理。

基础饲粮参照《肉用绵羊日营养需要量》（DB65/T 4244—2019），其组成及营养水平见表 3-1。基础日粮与试验日粮制成全混合颗粒饲料，保证每只羊采食均匀与完全。

表 3-1　基础饲粮组成及营养水平（干物质基础）

原料	含量/%	营养水平	含量/%
玉米	25.2	粗蛋白	9.02
豆油	2.0	粗纤维	19.36
麸皮	4.0	磷	0.42
豆粕	6.0	钙	0.71
玉米秸	20.0		
稻草	10.0		
干苜蓿	30.5		
石粉	0.6		
磷酸氢钙	0.7		

续表

原料	含量/%	营养水平	含量/%
预混料	1.0		
合计	100.0		

注：预混料每千克饲粮提供：维生素 A 5 000 IU，维生素 D 600 IU，维生素 D 16 IU，Cu（CuSO₄·5H₂O）21.5 mg，Zn（ZnSO₄·H₂O）90 mg，Co（CoCl₂·6H₂O）1.1 mg，Mn（MnSO₄·5H₂O）80 mg，Fe（Fe-SO₄·7H₂O）12 mg，I（KI）1.2 mg。

（2）样品采集及指标测定

① 粪样采集。第 120 天连续三天晨饲前收集母羊部分粪样，每只羊收集 10 g 新鲜粪样，拌匀后分成两部分，其中一部分混入 10% 稀 H_2SO_4，进行固氮，在 65 ℃烘干至恒重，粉碎后制成风干基础样品，另一种在 105 ℃烘干至恒定重量，粉碎后制成风干基础样品。同时采集第 120 天、140 天血液 2 mL，用于血液生化指标以及血清抗氧化指标的测定。

② 血样采集。试验第 120 天、140 天颈静脉内采血，血样分别在带有分离凝胶片的促凝管瓶中静置至有血清沉淀析出，3500 r/min 离心 10 min，将血清分装入 1.5 mL 的 Eppendorf 管瓶中，−20 ℃低温干燥保存，待检测。

③ 表观消化率测定。参考《饲料分析及饲料质量分析检测技术（第 4 版）》对冻干物质纤维（DM）、中性洗涤物纤维（NDF）、酸性洗涤产物纤维（ADF）、粗蛋白质纤维（CP）、粗脂肪纤维（EE）和总能进行测定。以纯盐酸不含溶液灰积分法来测定水中营养物质表观消化率，计算的公式即为：某营养物质表观消化率（%）＝100−（100×A/A1×B1/B）

式中：A 代表饲粮 2 mol/L 盐酸的不相溶的灰分含量；A1 代表畜禽粪料 2 mol/L 的盐酸的不互溶的灰分含量；B1 代表动物粪质中含有该营养物质含量多少；B 则代表动物饲粮中该营养物质的含量。

④ 体重、胸围。试验第 0 天（妊娠 90 天）、30 天（妊娠 120 天）、50 天（妊娠 140 天）、试验结束（分娩后）早上空腹称重，计算平均增重（ADG），以及采用卷尺测定母羊的胸围。

⑤ 分娩羔羊数及出生体重。记录每组中母羊分娩的羔羊数，以及称量每只羔羊的体重，计算平均初生重。

⑥ 血液生化指标测定。血糖（GLU）、总蛋白（TP）、甘油三酯（TG）、游离脂肪酸（FFA）及总抗氧化能力（T-AOC）等使用试剂盒（生北控生物科技有限公司），采用全自动生化分析仪（深圳迈瑞生物医疗电子股份有限公司）测定；血清

丙二醛（MDA）含量和过氧化氢酶（CAT）、超氧化物歧化酶（T-SOD）、谷胱甘肽过氧化物酶（GSH-Px）活性使用南京建成生物工程研究所试剂盒，按说明书测定。

（3）数据处理　数据首先采用 Excel 进行统计，之后采用 SPSS 19.0 统计软件进行单因素方差分析，并采用 Duncan 法进行多重比较分析，结果以"平均值±标准差"表示，$P>0.05$ 表示差异不显著，$P<0.05$ 表示差异显著。

3.1.1.3　过瘤胃蛋氨酸改善妊娠羊的消化率，有利于增重、提高繁殖性能

结果表明，试验组 DM、NDF 的消化率大于对照组，且差异显著；试验组其他营养物质的消化率差异不明显（表 3-2）。结果表明，过瘤胃蛋氨酸的添加，可提高妊娠羊 DM 与 NDF 的表观消化率。含硫氨基酸，如蛋氨酸，必须同时用于分解细菌蛋白和加速瘤胃蛋白溶解及细菌酶的进一步合成，过瘤胃蛋氨酸进入到瘤胃后，会自动游离释出少量高浓度的游离蛋氨酸，促进纤维分解菌类的快速繁殖，提升瘤胃的发酵性能；而大部分过瘤胃蛋氨酸安全通过瘤胃，进入皱胃及十二指肠中，再次分解释放，被小肠等部位消化吸收进入血液，进而被机体利用。张成喜等通过对奶牛的研究得出了相似的结论；同时，过瘤胃蛋氨酸能显著改善干物质和中性洗涤纤维的表观消化率。李海霞等通过研究发现在黔北麻羊的饲粮中添加瘤胃蛋氨酸后，干物质表观消化率有明显的提高趋势，这与本次试验结果一致。王慧媛等在肉羊饲粮中添加过瘤胃蛋氨酸（添加量为 0、3、6、9 g/d），结果发现其具有提高肉羊中性洗涤纤维与干物质表观消化率的趋势，但没有显著差异；对粗蛋白和粗脂肪的表观消化率并没有影响，与本次试验结果存在一定的差异，可能是动物所处的生理阶段不一样，对蛋氨酸的需求量不一致导致的。

表 3-2　过瘤胃蛋氨酸对妊娠羊表观消化率的影响

项目	对照组/%	试验组/%
DM	58.61±5.08[a]	62.91±4.47[b]
OM	63.63±7.30	67.22±5.16
CP	56.52±3.50	57.15±6.27
总能	64.25±2.49	65.23±4.84
粗脂肪	52.42±3.03	53.72±6.68
NDF	48.03±5.24[a]	53.85±3.96[b]
ADF	36.83±5.54	41.40±3.72
粗灰分	55.27±4.23	57.10±5.17

注：同一行肩标不同，表示差异性显著。

试验组体重与对照组相比，有增加的趋势，且第 140 天时呈现显著性差异；试验组与对照组的总增重分别为 18.3 kg、13.7 kg，差异显著（表 3-3）。试验组与对照组相比，妊娠羊胸围有所增加，但差异性不显著，而且试验组母羊产羔数以及羔羊初生重与对照组一致，无明显差异性。长时间添加过瘤胃蛋氨酸，可使妊娠母羊体重显著增加。

表 3-3　过瘤胃蛋氨酸对妊娠母羊的体重、胸围及繁殖性能影响

项目	组别	妊娠天数			总增重	产后
		90 d	120 d	140 d		
体重/kg	对照组	51.2±5.6	62.4±4.4	65.1±3.9^a	3.7±1.1^a	55.4±4.3
	试验组	50.3±4.8	65.7±7.5	69.3±5.0^b	18.3±1.2^b	57.2±5.4
胸围/cm	对照组	121.7±10.4	129.3±8.3	132.1±11.2	11.9±0.5	126.9±6.8
	试验组	123.3±10.1	130.5±10.3	134.7±7.8	13.1±0.4	127.3±9.2
羔羊数/只	对照组	27				
	试验组	29				
羔羊初生重/kg	对照组	3.8±0.5				
	试验组	3.8±0.6				

蛋氨酸是牛羊蛋白质的生长及其合成机制中重要的限制性氨基酸，是保证动物机体蛋白得以正常有效合成代谢的必需脂肪酸中最为必需的氨基酸；其提取物还同时具有明显提高动物养分供给和饲料消化利用率及能量吸收转化利用率以及大大提高动物机体健康生长效率及体格发育健康质量等多种作用。因此，过瘤胃氨基酸可提高牛羊等动物的体重及胸围。王慧媛等的研究结果也表明，如果在肉羊（体重 25 kg 左右）的日粮中加入过瘤胃蛋氨酸，添加组羊的总增重和平均日增重相较对照组有上升趋势；本试验中添加瘤胃蛋氨酸，可提高妊娠羊的总增重和平均日增重，与上述研究结果基本一致。

3.1.1.4　过瘤胃蛋氨酸影响妊娠羊的血液生化指标和抗氧化能力

在母羊妊娠第 120 d 时，试验组与对照组在妊娠母羊血糖、甘油三酯、总蛋白以及游离脂肪酸等方面无显著性差异，但到妊娠第 140 d 时，试验组的总蛋白

显著高于对照组（表3-4）。这表明，通过长时间增加过瘤胃蛋氨酸摄入可以明显提升妊娠母羊的血液中总蛋白的含量。血清生化指标能在一定的程度上反映出动物的营养状况以及代谢和健康状况。血糖的含量主要反映机体糖的代谢，其数值的变化代表动物机体糖的吸收与代谢的动态平衡状态。血液中的血糖在体内储存有两种状态，即直接转化为糖原，或者转化为乳糖、脂肪等其他物质，而其代谢主要为氧化供能。血清总蛋白参与机体营养物质运输，与组织蛋白质合成等有密切联系，其含量的升高与肝脏的蛋白质合成代谢增强有关，与动物的生长发育和饲料报酬呈正相关。而机体反映脂肪代谢状况的两个指标为游离脂肪酸和甘油三酯含量，其中后者是体内脂肪代谢后的产物，表示脂肪代谢利用率的高低，其含量越低则脂肪利用率越高，反之，含量越高则脂肪利用率越低。本研究结果显示，过瘤胃蛋氨酸仅会影响妊娠羊蛋白质的代谢，而对其血糖、脂肪代谢没有影响。而毕晓华等在泌乳奶牛饲粮中添加过瘤胃蛋氨酸，发现血浆总蛋白含量等无明显变化。产生这种情况的原因可能有以下几点：第一，虽然牛羊均为反刍动物，但对蛋氨酸的利用存在物种的差异；第二，本次试验为妊娠后期的母羊，羊所处的生理阶段不同；第三就是饲料组方不同，其可利用的蛋氨酸含量不同，与羊的饲料相比，奶牛泌乳期饲料品质好，蛋白含量高。赵永玉在断奶羔羊饲粮中添加过瘤胃蛋氨酸，发现过瘤胃蛋氨酸对羔羊血清游离脂肪酸含量无显著性影响。而张成喜等对于过瘤胃蛋氨酸的研究表明其可以显著提高血清总蛋白的含量。

表 3-4　过瘤胃蛋氨酸对妊娠羊的血液生化指标影响

项目	组别	妊娠 120 d	妊娠 140 d
血糖/(mmol/L)	对照组	2.36±0.06	2.58±0.02
	试验组	2.51±0.10	2.49±0.07
甘油三酯/(mmol/L)	对照组	0.52±0.01	0.49±0.05
	试验组	0.54±0.06	0.52±0.03
游离脂肪酸/(mmol/L)	对照组	1.27±0.04	1.35±0.02
	试验组	1.30±0.05	1.33±0.03
总蛋白/(g/L)	对照组	29.18±2.03	31.47±2.17[a]
	试验组	33.02±4.11	36.95±2.60[b]

在妊娠试验的第 120 d 和第 140 d，试验组与对照组在血清中的总蛋白及抗氧化酶反应能力方面并无显著差异。这包括谷胱甘肽过氧化物酶、过氧化氢酶、超氧化物歧化酶的含量与活性，以及环丙二醛氧化酶的含量（如表 3-5）。尽管活性氧在机体代谢中具有一定益处，但其含量过高会对生物膜和核酸等重要生物大分子造成严重损伤，进而阻碍或丧失机体生理功能。超氧化物歧化酶、谷胱甘肽、过氧化物酶抑制剂以及选择性过氧化氢酶等，在动物体清除氧化产物过程中，发挥重要的辅助生理作用。超氧化物歧化酶能够清除动物体内含有一定量生物活性的超氧阴离子。这些生物活性含量的细微生理变化，能够真实而准确地反映机体内潜在的生物抗氧化物质系统反应中的平衡状态。谷胱甘肽过氧化物酶抑制剂和选择性过氧化氢酶抑制剂的主要功能是清除机体在氧化与代谢反应过程中产生的过量的选择性过氧化三氢，从而保持细胞膜结构和功能的完整性。

表 3-5　过瘤胃蛋氨酸对妊娠羊的血清抗氧化指标影响

项目	组别	妊娠 120 d	妊娠 140 d
总抗氧化能力/(U/mL)	对照组	3.69±0.03	3.78±0.05
	试验组	3.76±0.05	4.04±0.02
超氧化物歧化酶/(U/mL)	对照组	72.74±4.53	74.83±2.57
	试验组	73.37±4.80	76.74±7.20
过氧化氢酶/(U/mL)	对照组	10.32±0.85	9.93±0.44
	试验组	9.84±0.56	9.58±0.39
谷胱甘肽过氧化物酶/(U/mL)	对照组	813.60±18.55	820.52±33.72
	试验组	801.67±55.30	818.23±40.72
丙二醛/(nmol/L)	对照组	5.06±0.09	5.05±0.03
	试验组	4.83±0.10	4.92±0.09

丙二醛作为脂质过氧化的最终产物之一，其含量高低能够反映细胞代谢及功能的障碍程度。丙二醛含量越低，说明机体的抗氧化效果越好。然而，本次试验结果显示，过瘤胃蛋氨酸对妊娠羊的抗氧化指标并无显著性影响。

值得注意的是，叶慧等的研究表明，在饲粮中添加蛋氨酸可显著提高 21 日龄狮头鹅血清超氧化物歧化酶活性，并显著降低血清丙二醛含量。此外，随着蛋氨酸水平的升高，血清谷胱甘肽过氧化物酶活性也会相应升高。这一研究结果与本次试验不一致。这种差异可能是由禽类与反刍动物对蛋氨酸的利用和需求不同，以及饲料中蛋氨酸含量的显著差异导致。

在本试验条件下，添加过瘤胃蛋氨酸可提高妊娠羊 DM、NDF 的表观消化率，也可以提高 140 天妊娠母羊的总增重，并且可显著影响蛋白质的代谢，对其繁殖性能及血清抗氧化能力影响较小。

3.1.2　日粮添加过瘤胃葡萄糖对妊娠后期母羊的影响

3.1.2.1　过瘤胃葡萄糖的发展现状

我国是羊肉的产出和羊肉的食用消费方面的大国。随着我国人民生活条件变得越来越好，对于肉类消费也不仅仅是单纯为了获取营养，对于肉类也有了更多的选择，其中羊肉因为风味好，拥有其他肉类所不具备的味道深受消费者喜爱。由于羊肉消费者的需求量逐年增长，羊的繁育工作就变得越来越重要，在繁育过程中，母羊的妊娠期是一个十分重要的阶段。

在动物体中葡萄糖是一种不可或缺的能量物质，它不但是新陈代谢的中间产物，也作为主要的供能物质参与动物的各种代谢活动。其中葡萄糖对反刍动物具有重要营养生理功能，是脑细胞等中枢神经系统和胚胎的主要供能物质，是合成肌糖原和肝糖原的来源，是合成乳糖的唯一前体物，还为乳脂和体脂合成提供还原性辅酶Ⅱ（NADPH2）和 α-磷酸甘油。因此葡萄糖对于反刍动物十分重要，且当反刍动物从日粮中获得的葡萄糖供应不足时，妊娠羊会出现毒血症，牛会出现酮病等代谢疾病。

过瘤胃技术是使用特殊的方法对营养物质进行处理，如蛋白质、脂肪、淀粉、氨基酸、维生素等，使其在反刍动物的瘤胃中的消耗比例降低，以便这些营养物质进入瘤胃后消化道中被消化和吸收。在过瘤胃葡萄糖生产过程中，主要以葡萄糖和淀粉为原料。根据葡萄糖的理化性质，目前物理加压法和物理包被法为主要的过瘤胃葡萄糖加工工艺。目前，许多研究都证实了日粮中补充过瘤胃葡萄糖可以提高血糖浓度，减少自身体脂利用，缓解能量负平衡，预防代谢性疾病，改善机体的健康状况。李妍等的研究显示给围产后期的荷斯坦奶牛日粮中添加 300 g、400 g 的瘤胃保护葡萄糖可提高奶牛产后血清葡萄糖浓度，降低血清中非酯化脂肪酸和 β-羟丁酸浓度，有效缓解能量负平衡，利于奶牛体况的维持和产奶潜力的发挥，改善乳品质。李徐延的研究结果也表明日粮中添加过瘤胃葡萄糖增加了外源性葡萄糖的吸收量，可有效调节血糖平衡，对缓解奶牛泌乳早期的能量负平衡有积极影响。

母羊的妊娠期包括妊娠前期 90 d 和妊娠后期 60 d，共计 150 d。胎儿在妊娠前期生长缓慢，在 91 d 后生长加速，在 119 d 后快速生长。此时母羊腹腔中的大部分空间会被随着胎儿及其附属物的快速增大而增大的子宫所占据，使其他器官受到压迫进而降低母羊的采食量。妊娠后期胎儿快速生长，母羊能量需要量会增加 54%。为了满足自身的生长代谢和胎儿的快速发育，妊娠后期母羊必须获得充足的能量，且当母羊无法适应胎儿生长带来的营养物质需要增加，会产生代谢应激。当母羊处于应激状态时，其利用免疫细胞所消耗的葡萄糖就会大大增加，并有调查发现，应激激活的免疫系统在 720 min 内消耗的葡萄糖超过了 1 kg。当免疫系统的葡萄糖利用量超过自身储备量时会使血糖降低引发急性毒血症，所以妊娠后期日粮中的能量水平是决定母羊自身健康和生产性能的关键因素。

反刍动物与单胃动物对营养物质的消化代谢方式不同，其中对葡萄糖的吸收方式主要为小肠的直接吸收和自身的糖异生作用，在反刍动物生产的特定时期，为其补充葡萄糖会提高生产性能。日粮中的葡萄糖会先被瘤胃微生物分解而并不会被反刍动物吸收，同时还会对瘤胃微生物产生负面影响，所以为了避免出现此种情况，常向日粮中添加过瘤胃葡萄糖，避免其在瘤胃中被微生物降解，使其在瘤胃后消化道里被消化吸收，从而达到缓解动物能量负平衡，预防代谢性疾病，提高生长性能和生产性能的目的。目前，国内外关于过瘤胃葡萄糖对围产期奶牛的产奶性能和血液指标影响的研究较多，但对妊娠后期母羊的增重、表观消化率以及血液生化指标的影响研究较少。因此，本研究以本地妊娠后期母羊为研究对象，研究日粮中添加过瘤胃葡萄糖对其体增重、表观消化率、血清生化指标及抗氧化指标的影响，为过瘤胃葡萄糖在本地妊娠羊中的科学使用及提高其生产性能提供数据参考和科学依据。

3.1.2.2　试验材料与方法

（1）试验材料、试验设计与饲养管理　研究采用单因素试验设计，选择 22 只体重近似，健康，妊娠 90 d 的本地母羊。随机分为 2 组，每组 11 只羊，分别为对照组（CON）和试验组（过瘤胃葡萄糖添加组），试验组日粮为对照组日粮中添加过瘤胃葡萄糖 80 g/kg。所有试验羊在试验正式期开始前均经过 7 d 的预饲期，全舍饲饲喂。试验开始前对圈舍分隔并进行严格消毒，每组一栏饲喂。每天对羊舍、料槽和水槽进行清理，观察母羊的健康情况。并于每周二、周六进行定期消毒。试验羊采用自由采食和饮水的方式在每天 6：30 和 16：00 进行喂食，基础日粮组成及营养水平见表 3-6。基础日粮与试验日粮制成全混合颗粒饲料，确保每次饲喂量相同。

表 3-6　基础日粮组成及营养水平（干物质基础）

原料	含量/%	营养水平	含量/%
玉米	25.2	粗蛋白	9.02
豆油	2.0	粗纤维	19.36
麸皮	4.0	磷	0.42
豆粕	6.0	钙	0.71
玉米秸	20.5		
稻草	10.0		
干苜蓿	30.0		
石粉	0.6		
磷酸氢钙	0.7		
预混料	1.0		
合计	100.0		

（2）样品采集及指标测定

① 羊的体重、体尺和生产性能的测定。分别于试验第 0 d（妊娠 90 d）、30 d（妊娠 120 d）、50 d（妊娠 140 d）、试验结束（分娩后）早上空腹称重，计算总增重，以及采用卷尺测定母羊的胸围。记录每组母羊总产羔数，并称取羔羊的初生重。

② 羊营养物质表观消化率的测定。于试验第 30±1 d（妊娠 120±1 d）这 3 天，采用全收粪法进行收集粪样，每日分 3 次进行。每次按照每只母羊所产粪便总重量的 10%收集取样保存于塑料瓶内，并按照每 100 g 鲜粪加入 10 mL 的 10%的稀硫酸混匀，在收集粪样的同时采集母羊采食的饲料样品，每次采集的粪样和饲料样品分为一组，将其放置于－20 ℃冰箱内保存。参照《饲料分析与检测》中的方法，测定饲粮样品与粪样中干物质、有机物、粗蛋白、粗脂肪、中性洗涤纤维、酸性洗涤纤维、粗灰分含量及能量。采用酸不溶灰分法计算养分表观消化率，计算公式如下：

某养分表观消化率(%)＝100－{[（粪中该养分含量×饲粮酸不溶灰分含量）/

(饲粮中该养分含量×粪中酸不溶灰分含量)]×100}。

③ 血清指标的测定。分别于试验第 0 d（妊娠 90 d）、30 d（妊娠 120 d）、50 d（妊娠 140 d）、试验结束（分娩后）晨饲前每组随机选取 6 只母羊进行前腔静脉采血 10 mL，置于离心机中 3000 r/min 离心 10 min 获得血清。使用全自动生化分析仪测定血浆中血糖、甘油三酯、游离脂肪酸、总蛋白和总抗氧化能力；使用南京建成生物工程研究所试剂盒测量血浆中超氧化物歧化酶活性、过氧化氢酶活性、谷胱甘肽过氧化物酶、丙二醛含量，按说明书测定。

（3）数据分析　数据首先采用 Excel 进行统计，之后采用 SPSS 19.0 统计软件进行单因素方差分析，结果以"平均值±标准差"表示，$P>0.05$ 表示差异不显著，$P<0.05$ 表示差异显著。

3.1.2.3　过瘤胃葡萄糖提高母羊增重和消化性能

实验结果表明，日粮中添加过瘤胃葡萄糖对母羊的体重和日增重影响显著（表 3-7），但对母羊的胸围变化没有明显的影响。同样，对于羔羊的初生重，母羊饲喂过瘤胃葡萄糖也没有显著的提高，但有增加初生重的趋势。羊的生产过程中，母羊的生产性能是其中重要的指标之一，所以妊娠期母羊的饲养管理显得格外重要。NRC 中总结了大量文献资料，得出在妊娠后期由于胎儿的发育，大约有 1/2 的代谢能用于妊娠需要。所以为了更好地发挥母羊的生产性能，获得更多的经济利益，满足母羊妊娠期的能量补给成了重中之重。当妊娠后期母体饲量营养水平严重低于正常水平时，会降低母羊的净体重。在本试验中，试验组母羊在第 140 d 比对照组母羊体重有了显著增长，这与 He 等研究结果一致。随着妊娠期的持续，胎儿在母体内快速成长，这时测定母羊胸围对研究其日粮中营养指标有一定作用。本试验中的试验组和对照组母羊胸围差异不显著，但有增长趋势。张帆等的研究也表明随着母羊饲粮营养水平的降低，母羊的胸围也相应降低。从本试验的结果可以看出，尽管母羊胸围差异不显著，但试验组母羊胸围有上升趋势，表明日粮添加过瘤胃葡萄糖可为妊娠后期母羊提供足够的能量。妊娠后期，母羊采食饲料的能量水平直接影响母羊的生长、健康、乳腺和胚胎的发育。综上所述，日粮中添加过瘤胃葡萄糖不会显著增加羔羊初生重，但有增加羔羊初增重的趋势，表明日粮中添加过瘤胃葡萄糖对母羊自身生长性能以及胎儿发育都有积极影响。

表 3-7 日粮添加过瘤胃葡萄糖对妊娠母羊体重、胸围和羔羊初生重的影响

	项目	对照组	实验组
母羊体重/kg	妊娠 90 d	40.9±4.5	40.4±6.1
	妊娠 120 d	49.5±3.7[a]	53.7±4.0[b]
	妊娠 140 d	53.3±4.0[a]	59.6±3.6[b]
	体重总增加	13.1±1.4[a]	16.6±0.9[b]
	产后母羊体重	43.7±3.5	45.9±4.7
母羊胸围/cm	妊娠 90 d	110.6±10.2	109.9±8.5
	妊娠 120 d	121.9±6.3	123.7±4.4
	妊娠 140 d	123.6±7.8	124.8±4.9
	胸围总增加	11.4±0.3	13.1±0.1
	产后母羊胸围	114.7±8.5	116.3±5.0
羔羊初生重/kg	羔羊数量	20	19
	羔羊初生重	3.3±0.5	3.7±0.2

试验组和对照组母羊的表观消化率指标差异均不显著（图 3-1）。表明日粮中添加过瘤胃葡萄糖不会影响妊娠后期母羊的表观消化率。表观消化率，是指某种养分在动物摄入前的含量和在粪便中含量的差值。本试验中对照组和试验组母羊干物质、有机物、粗蛋白、总能、粗脂肪、中性洗涤纤维、酸性洗涤纤维、粗灰分的表观消化率均差异不显著。但其中干物质、有机物、粗蛋白、总能的表观消化率有上升趋势，这与 Cantalapied-Hijar 等的研究中，高精料的饲喂比例有助于提高动物对干物质、有机物、粗蛋白、总能的表观消化率，但对酸性洗涤剂的影响差异不显著的结果相似。这说明日粮中添加过瘤胃葡萄糖不会过多影响母羊的表观消化率。

3.1.2.4 过瘤胃葡萄糖影响母羊妊娠后期血清生化指标

血清生化指标是通过血液内的糖类、脂类、激素、离子等物质含量的数值来判断动物体内生理、代谢功能的变化。为了分析日粮中添加过瘤胃葡萄糖对妊娠母羊的影响，我们对羊进行血清生化指标检测。研究结果显示，试验组和对照组血液生化指标中血糖、甘油三酯、游离脂肪酸差异显著，其余血液生化指标差异不大（表 3-8），表明日粮中添加过瘤胃葡萄糖可提高妊娠后期母羊的血糖水平，并能减少自身体脂的消耗。

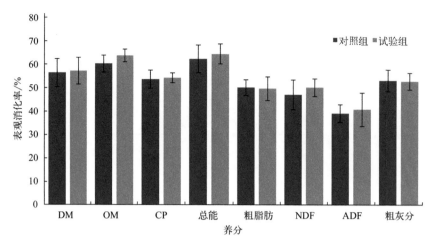

图 3-1　日粮添加过瘤胃葡萄糖对妊娠后期母羊表观消化率的影响

表 3-8　日粮添加过瘤胃葡萄糖对妊娠母羊血清生化指标影响

项目		对照组	试验组
血糖/(mmol/L)	妊娠 120 d	3.42 ± 0.11^a	4.06 ± 0.20^b
	妊娠 140 d	3.64 ± 0.27^a	4.17 ± 0.31^b
	产后 1 d	3.01 ± 0.22^a	3.68 ± 0.18^b
甘油三酯/(mmol/L)	妊娠 120 d	0.36 ± 0.03	0.32 ± 0.02
	妊娠 140 d	0.37 ± 0.01^a	0.30 ± 0.02^b
	产后 1 d	0.41 ± 0.03^a	0.32 ± 0.01^b
游离脂肪酸/(mmol/L)	妊娠 120 d	0.88 ± 0.03^a	0.75 ± 0.04^b
	妊娠 140 d	0.93 ± 0.05^a	0.79 ± 0.02^b
	产后 1 d	0.87 ± 0.06^a	0.77 ± 0.01^b
总蛋白/(g/L)	妊娠 120 d	31.48 ± 2.20	30.64 ± 1.08
	妊娠 140 d	32.62 ± 3.77	32.94 ± 2.64
	产后 1 d	35.27 ± 4.02	34.02 ± 1.86

　　维持妊娠后期，血液中血糖水平稳定对于母羊正常生理代谢、胎儿的正常发育是十分重要的。妊娠后期母羊的消化器官被子宫压迫，采食量降低。这时日粮中的能量补给和自身糖异生转化如果不能满足其代谢和胎儿需要，动物的血糖水平就会下降，严重时会出现能量负平衡。本试验中过瘤胃葡萄糖添加组母羊妊娠血糖水平显著高于对照组。薛倩的试验指出牛添加过瘤胃葡萄糖，可以有效缓解血糖浓度降低，维持血糖的平稳，饲喂过瘤胃葡萄糖明显降低了 β-羟丁酸和非酯

化脂肪酸的水平，减轻了能量负平衡带来的危害。此结果和本试验结果相似，本试验中通过日粮中添加过瘤胃葡萄糖使母羊获得了更多可以直接吸收的葡萄糖，所以过瘤胃葡萄糖添加组母羊的血糖显著升高。

血清中甘油三酯含量与机体的脂质代谢水平密切相关，可在一定程度上反映脂肪沉积能力。在本试验中，从第 140 d 开始过瘤胃葡萄糖添加组母羊血清中甘油三酯的含量显著低于对照组。甘油三酯又是体脂的主要成分，当血液中含量超过正常水平时，可导致体脂蓄积，发生脂血症，血清甘油三酯含量可作为诊断脂肪肝的依据。综上，日粮中添加过瘤胃葡萄糖可一定程度减少自身的体脂消耗，有效预防酮病，与李妍等的研究结果一致。

游离脂肪酸是机体进行持久活动所需的物质，是动物体肌肉活动中肝糖原不足时，脂肪组织分解维持机体能量需要的产物，当其升高时会出现动物体的氧化应激。所以血清中游离脂肪酸的含量反映出了机体的代谢水平。游离脂肪酸升高导致糖代谢、脂代谢异常，糖脂代谢异常又促使游离脂肪酸升高，导致恶性循环。在本试验中试验组母羊的游离脂肪酸含量显著低于对照组，Knowlton 研究指出直接向奶牛皱胃中灌注淀粉和葡萄糖降低了其血清中游离脂肪酸的含量。这与本试验的结果一致，表明日粮中添加过瘤胃葡萄糖会降低血浆中游离脂肪酸的含量，可以抑制母羊的脂肪分解、保护母羊肝功能、有效缓解能量负平衡发生。

3.1.2.5 过瘤胃葡萄糖改善母羊妊娠后期抗氧化能力

研究结果显示，试验组第 120 d 和 140d 的抗氧化指标中总抗氧化能力和丙二醛含量差异显著，其余抗氧化指标差异不显著，表明日粮中添加过瘤胃葡萄糖可以提高妊娠后期母羊的抗氧化能力（表 3-9）。

表 3-9 日粮添加过瘤胃葡萄糖对妊娠母羊抗氧化指标影响

项目		对照组	试验组
总抗氧化能力/(U/mL)	妊娠 120 d	5.38 ± 0.03	5.61 ± 0.04
	妊娠 140 d	5.11 ± 0.03^a	5.95 ± 0.02^b
	产后 1 d	5.03 ± 0.01^a	5.83 ± 0.04^b
超氧化物歧化酶/(U/mL)	妊娠 120 d	73.47 ± 2.57	75.02 ± 3.18
	妊娠 140 d	70.28 ± 7.02	72.16 ± 3.76
	产后 1 d	68.45 ± 3.07	70.03 ± 4.75

项目		对照组	试验组
过氧化氢酶/(U/mL)	妊娠 120 d	10.14±0.19	11.84±0.62
	妊娠 140 d	11.65±0.64	10.77±0.82
	产后 1 d	12.43±0.93	11.55±0.60
谷胱甘肽过氧化物酶/(U/mL)	妊娠 120 d	705.37±45.22	724.09±55.10
	妊娠 140 d	767.15±28.32	800.25±41.43
	产后 1 d	794.12±38.17	814.32±25.76
丙二醛/(nmol/L)	妊娠 120 d	4.37±0.03[a]	3.20±0.01[b]
	妊娠 140 d	4.58±0.05[a]	3.06±0.04[b]
	产后 1 d	5.38±0.03	5.61±0.04

血清中总抗氧化能力可以反映动物的抗氧化自由基的代谢状态。本试验中从妊娠第 140 d 开始过瘤胃葡萄糖添加组母羊抗氧化能力相比于对照组提升显著，表明日粮中添加过瘤胃葡萄糖会显著提升妊娠后期母羊的抗氧化能力。丙二醛含量增多会破坏细胞膜的结构和完整性，是脂质过氧化物的代谢终产物。本试验中过瘤胃葡萄糖添加组母羊丙二醛含量显著低于对照组，原因应该是日粮中添加过瘤胃葡萄糖显著降低母羊血液中的甘油三酯和游离脂肪酸，减少了脂质过氧化物的代谢。综上，日粮中添加过瘤胃葡萄糖可减少妊娠后期母羊体脂消耗，并提高其抗氧化能力。

日粮中添加过瘤胃葡萄糖不会影响妊娠后期母羊表观消化率，但可以显著提升血糖水平和抗氧化能力，降低血液中的甘油三酯和游离脂肪酸，增加母羊妊娠期的体增重，并有增加羔羊初生重的趋势。

3.1.3　过瘤胃烟酸在妊娠后期和产后母羊的应用研究

3.1.3.1　过瘤胃烟酸的饲用状况

烟酸（NA）又称维生素 B_3、尼克酸、抗糙皮病维生素，化学名为吡啶-3-甲酸（$C_6H_5NO_2$）。其结构特征为 C5 位置带有 1 个羧基的吡啶环，结构简单，理化性质稳定。烟酸既包括烟酸和烟酰胺，还包括任何在体内衍生的有生物活性的化合物，其中烟酰胺腺嘌呤二核苷酸（NAD）和烟酰胺腺嘌呤二核苷酸磷酸（NADP），这两种衍生物参与动物体内脂肪酸、碳水化合物和氨基酸的合成与分解。烟酸在自然界分布甚广，广泛存在于谷物类饲料以及动物源性蛋白质饲料中。理论上，反刍动物可以通过采食饲粮、体内过量色氨酸生物合成、微生物（特别是反刍动物瘤胃微生物）合成等途径获得生长发育所需的烟酸，不需要额外添加。但是，随着动物饲养集约化程度的提高，以及在一些特殊情况下（如应激状态、高精料饲粮、围产期等），单靠以上途经获得的烟酸不能满足动物的生产需要，需要在日粮中添加烟酸、胆碱等营养素来提高反刍动物的繁殖力、抵抗力和生产性能。研究表明，烟酸在反刍动物的调节脂质代谢、抗炎、抗氧化、改善肉品质等方面发挥重要作用。在我国有超过75%的烟酸产品被添加到饲料中，烟酸产品作为饲料添加剂被广泛应用于畜牧业。

妊娠期是指从母体受孕到胎儿及附属物排出体外的生理过程，此阶段是胎儿在母体内形成及发育成熟的过程。羊的妊娠期按照时间可以分为妊娠前期（0～90 d）和妊娠后期（90～150 d）。在妊娠前期胎儿的发育比较缓慢，体积增大不明显，主要是附属物的发育，此时母体对各种营养物质的需求量与空怀期差异不大。妊娠后期，随着胎儿体重的快速增加和母体乳腺的快速发育，母体对营养物质的需求量也会随之显著增加。当妊娠后期母体营养不足时，不仅会影响母体的健康和正常妊娠，同时会造成胎儿的流产和畸形。另一方面，在妊娠后期，胎儿的增长速度加快，使得子宫占据母羊腹腔的大部分，进而影响各消化器官的容积，限制了母羊的采食量，会导致母体营养摄入不足，无法满足胎儿发育的需求，所以母体日粮的能量和营养水平会直接或间接影响母体、胎儿和产后羔羊的各种生理功能。

烟酸是畜禽生长的必需维生素，一方面它可以作为添加剂加入饲料中，能够提高畜禽免疫力、促进生长，改善肉品质和胴体性状，提高泌乳性能等；另一方面它还具有一定的疗效，能够治疗血脂异常、乳腺炎等疾病，从而提高畜禽的抗病能力，降低死亡率，提高经济效益。国内外的研究发现，直接将烟酸添加到动物日粮饲料中得到的效果参差不齐，造成这样结果的原因，除了试验动物和环境条件的差异外，最大的可能性就是未经过处理的烟酸在经过反刍动物瘤胃时，会被自身微生物降解，导致烟酸无法到达真胃和小肠，无法被机体吸收利用。因此，要想烟酸真正在体内发挥生物活性，必须对其进行保护处理。过瘤胃技术是指采用特殊的技术或方法处理淀粉、蛋白质、脂肪、维生素和氨基酸等营养物质，使其被保护起来以减少其在反刍动物瘤胃内的发酵和降解，从而达到提高饲料利用率的目的。这些特殊技术（方法）包括物理方法、化学方法和包被技术。

Morey 等报道，在奶牛围产期基础日粮中每日添加 24 g 过瘤胃烟酸，能够降低奶牛产后血液中非酯化脂肪酸的浓度，使进入肝脏的非酯化脂肪酸减少，能够有效降低脂肪肝风险。赵术帆等分别将过瘤胃烟酸和普通烟酸添加到泌乳期奶牛的日粮中，结果发现普通烟酸对提高奶牛生产性能不明显，而过瘤胃烟酸能够明显提高产奶量，提高经济效益。

本研究以妊娠 90 d 的母羊为研究对象，在常规日粮的基础上添加过瘤胃保护处理的烟酸产品，分别对妊娠母羊的体重、胸围、生产羔羊数量和体重等常规指标，以及血糖血脂等血液生化指标进行研究，从实际应用角度考察过瘤胃烟酸对妊娠后期母羊生理生化指标的影响，为过瘤胃烟酸在提升反刍家畜生产性能等方面的应用和推广提供数据支持。

3.1.3.2　试验材料与方法

（1）试验材料、试验设计与饲养管理　试验选择 20 只体况健康，年龄和体重接近的妊娠 90 d 的二胎及以上母羊。妊娠 1~90 d 母羊的日粮为常规全混合日粮（TMR），自由采食；妊娠 90 d 的母羊按照体重和采食量一致原则随机分成 2 组，各组 10 个重复，分别为正常对照组（CON）和过瘤胃烟酸添加组（RPN），组间初始体重差异不显著。CON 组仅饲喂常规 TMR，PRN 组除常规 TMR 饲料外，每只母羊每日添加 2 g 过瘤胃烟酸产品，每日晨饲通过灌服方式饲喂，采用全舍饲养，两组羊采用相同的饲养管理方法。试验开始前，对所有圈舍及饲槽进行分隔和消毒，每周定期消毒两次。每日投料 3 次，自由采食、饮水。

（2）样品采集及指标测定

① 生长性能。试验开始后，记录母羊妊娠天数，分别于母羊妊娠 90 d、120 d、140 d 和产后晨饲前测定各组母羊的体重和胸围，母羊肩胛骨后缘绕胸一周的长度为胸围。母羊生产后记录羔羊数量并测量每只羔羊初生体重。

② 血样采集。试验开始后，分别于母羊妊娠 120 d 和 140 d，于晨饲前对各组母羊进行颈静脉采血，利用低温高速离心机，立即在 3500 rpm/min 条件下离心 10 min，将上层血清分装于 1.5 mL 的 LEP 管中，用液氮冻存备用。

③ 血清生化指标。使用全自动生化分析仪测定血清中血糖（GLU）、血氨（BA）、甘油三酯（TG）和游离脂肪酸（FFA）含量；使用全自动酶标仪测定血清中的 β-羟丁酸（BHBA）、丙酮、乙酰乙酸（ACAC）含量；使用全自动放射免疫计数仪测定血清中皮质醇（COR）、胰高血糖素（GN）、胰岛素（INS）含量。

（3）数据处理　数据利用 Excel 2017 进行初步统计分析，结果用平均值±标准误（mean±SE）方式表示。显著性分析利用 SPSS 18.0 软件进行单因素方差分析（One-way ANOVA），利用邓肯多重比较（Duncan's multiple comparison）比较组间差异。

3.1.3.3　过瘤胃烟酸改善妊娠后期母羊生长性能

饲喂过瘤胃烟酸对妊娠后期母羊体重的影响如图 3-2。从数据可以看出，妊娠 90 d 和 120 d 时，对照组（CON 组）和试验组（PRN 组）的母羊体重差异不显著；随着妊娠后期体重的持续增加，在妊娠 140 d 后，PRN 组（61.8±3.3 kg）母羊的体重明显高于 CON 组（57.7±2.8 kg）母羊的体重。从妊娠 90 d 到妊娠 140 d 的总增加体重也可以看出，PRN 组母羊体重总增加量（16.2±3.5 kg）明显高于 CON 组（12.1±3.5 kg）。妊娠期母羊体重的变化是判断妊娠期营养素是否缺乏的重要指标。当母体营养不足时，养分会优先供给胎儿的生长发育，因此会导致母体自身体重增长缓慢。在过去的研究中，关于日粮中补充烟酸对反刍动物生产性能影响的研究层出不穷。Morey 等在围产期奶牛基础日粮中添加包埋烟酸（EN），结果显示 EN 对体况评分、体重、产奶量等无显著影响。蒋亚军等在奶牛日粮中补充烟酸、核黄素等营养物质，各处理组间的干物质采食量和产奶量差异显著，但体重无显著差异。欧阳克蕙等在高精饲粮中添加烟酸考察其对育肥肉牛生长性能、养分表观消化率和血清指标的影响，结果显示精料中添加烟酸（800 mg/kg）能够明显提高肉牛生长性能。Byers 总结了 14 项研究发现，饲粮中添加烟酸有助于肉牛适应肥育饲粮，添加 50～250 mg/kg 烟酸，平均日增重和饲料报酬均有明显提升，但添加剂量增加到 500 mg/kg 时生产性能反而降低。上述研究中，日粮中添加烟酸对生长性能的影响结果参差不齐，这可能是由于烟酸的添加量和添加形式有差异，烟酸添加量不足或过大均会导致对生产性能的影响效果下降，而烟酸只有经过有效的保护处理才能避免被瘤胃微生物降解。试验结果提示本试验中添加的过瘤胃烟酸添加量比较适宜，同时过瘤胃保护处理效果较优，而下一步可以研究不同添加量对生长性能的影响。

饲喂过瘤胃烟酸对妊娠后期母羊胸围的影响如图 3-3。虽然 CON 组和 PRN 组母羊胸围统计学差异不显著，但是从妊娠 90 d 到 140 d 测量的胸围数据也可以看出，在整个妊娠后期，PRN 组母羊胸围总增加长度（11.2±1.8 cm）高于 CON 组总增加长度（10.3±2.5 cm）。

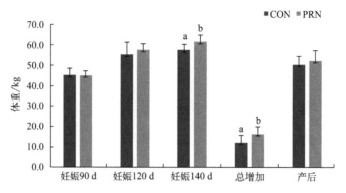

图 3-2　饲喂过瘤胃烟酸对妊娠后期母羊体重的影响

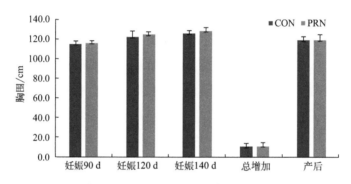

图 3-3　饲喂过瘤胃烟酸对妊娠后期母羊胸围的影响

3.1.3.4　过瘤胃烟酸影响母羊的产羔数与初生重

饲喂过瘤胃烟酸对母羊产羔数和初生重的影响如图 3-4。数据显示，对照组母羊产羔数为 17 只，平均初生重为 3.8 kg，PRN 组母羊产羔数为 19 只，平均初生重为 4.1 kg。CON 组和 PRN 组母羊产羔数量和初生重在统计学上差异不显著，但是 PRN 组母羊无论是羔羊的数量还是初生重均略高于 CON 组。胎儿的器官发育在妊娠早期就基本完成，但是 90% 的体重增长是在妊娠后期完成的。妊娠后期母羊往往处于多种营养素负平衡状态，为满足能量需求，母体适应性动员体脂，脂肪组织中脂肪分解产生过多的非酯化脂肪酸（NEFA），会引起一系列代谢和生理异常。根据母体营养效应，妊娠期和哺乳期母体营养水平的变化对子代的生长和代谢会产生重要影响。目前的研究证明，部分营养添加剂（如过瘤胃烟酸和胆碱）能够有效缓解能量负平衡。何家俊等研究了烟酰胺对羔羊生长发育、抗氧化和免疫功能的影响，结果显示围产后期母羊添加烟酰胺降低了活性氧自由基，提高了母体抗氧化能力，对羔羊免疫功能有一定的提高作用，但对羔羊初生重及 28 日龄生长发育无显著影响。这个结果与本试验结果一致，日粮中添加过瘤胃烟酸并不能显著提高羔羊初生重。但由于 PRN 组母羊在妊娠期间营养充足，体重显著增加，摄入能量和营养素能够满足自身营养和胎儿发育的需要，因此产下的胎儿体重会更大。

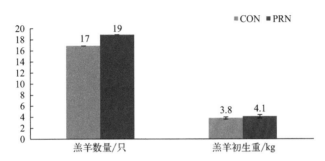

图 3-4　饲喂过瘤胃烟酸对母羊产羔数量和初生重的影响

3.1.3.5　过瘤胃烟酸影响妊娠后期母羊血清生化指标

饲喂过瘤胃烟酸对妊娠后期母羊血清生化指标的影响见表 3-10。从数据可以看出，与 CON 组相比，PRN 组母羊血糖含量显著增加，血清甘油三酯、游离脂肪酸和 β-羟丁酸含量显著降低。与 CON 组相比，PRN 组母羊血氨、乙酰乙酸和丙酮、皮质醇、胰岛素和胰高血糖素含量差异不显著。

表 3-10　过瘤胃烟酸对妊娠母羊血清生化指标的影响

项目	组别	妊娠天数	
		120 d	140 d
血糖/（mmol/L）	CON 组	3.04 ± 0.41^{b}	3.27 ± 0.19^{b}
	PRN 组	4.42 ± 0.34^{a}	4.84 ± 0.37^{a}
血氨/（μmol/L）	CON 组	230.94 ± 18.31	190.56 ± 16.46
	PRN 组	227.34 ± 20.57	185.90 ± 14.67
甘油三酯/（mmol/L）	CON 组	0.36 ± 0.05^{a}	0.40 ± 0.01^{a}
	PRN 组	0.30 ± 0.02^{b}	0.32 ± 0.03^{b}

续表

项目	组别	妊娠天数	
		120 d	140 d
游离脂肪酸/(mmol/L)	CON 组	0.96 ± 0.07^a	1.24 ± 0.06^a
	PRN 组	0.83 ± 0.09^b	1.07 ± 0.05^b
β-羟丁酸/(mmol/L)	CON 组	0.34 ± 0.00^a	0.41 ± 0.02^a
	PRN 组	0.26 ± 0.02^b	0.32 ± 0.03^b
丙酮/(mg/L)	CON 组	14.32 ± 0.09	13.72 ± 0.15
	PRN 组	15.61 ± 0.11	14.82 ± 0.10
乙酰乙酸/(μg/L)	CON 组	48.36 ± 0.33	42.04 ± 0.47
	PRN 组	46.39 ± 0.28	44.37 ± 0.30
皮质醇/(μg/dL)	CON 组	2.85 ± 0.02	3.12 ± 0.01
	PRN 组	2.93 ± 0.01	2.98 ± 0.04
胰高血糖素/(pg/mL)	CON 组	170.63 ± 1.97	162.25 ± 2.34
	PRN 组	181.00 ± 2.31	169.44 ± 1.05
胰岛素/(μIU/mL)	CON 组	29.34 ± 0.43	34.55 ± 0.34
	PRN 组	28.41 ± 0.17	32.90 ± 0.26

血清生化指标能够反映动物应对外界和内在条件发生变化时，动物的生理和代谢机能的变化。血糖水平的稳定对维持母羊的正常代谢和胎儿发育具有重要意义，当日常饲料中的能量和营养素供应无法满足母体的需要，糖异生水平满足不了机体对糖的需要就会导致母体血糖水平下降，而通过补充高能量饲料和营养素可提高血糖水平。茹婷的研究表明，添加烟酸可以提高围产后期母羊血液中血糖的含量，与本试验结果一致，这可能提示由于过瘤胃烟酸的添加，母羊机体营养充足，减缓了由于妊娠导致的糖异生反应，因此血糖水平稳定。

胰岛素和胰高血糖素是调节血糖水平的两种重要激素。当机体血糖水平降低时，血清中胰岛素的含量会随之降低，与此同时胰高血糖素含量会随之升高，用以促进糖异生途径，提高血糖水平，从而维持血糖的平衡。试验结果表明，过瘤胃烟酸的添加并没有引起胰岛素与胰高血糖素产生明显变化，推测是由于妊娠后期母羊血糖水平并未出现明显降低，因此机体激素变化不大。

妊娠引起的能量代偿会导致母体动用体脂，导致血浆中 NEFA、BHBA 和 TG 显著增加。NEFA、BHBA、TG 是反映母羊脂肪动员和代谢健康的重要指标。Yuan 等的研究表明，过瘤胃烟酸可使血清 BHBA、NEFA、TG 的含量分别下降 19.78％、38.67％、42.42％。崔志浩等在奶牛日粮中添加过瘤胃保护烟酸和过瘤胃保护胆碱，对围产期奶牛生产性能无显著影响，但是可显著提高血浆极低密度脂肪酸含量，降低肝中脂肪沉积。多项研究表明在围产期奶牛基础日粮中添加过瘤胃保护烟酸可降低产后血浆中 NEFA 浓度，从源头上减少机体体脂动员，使进入肝脏的 NEFA 减少，加速 TG 和 BHBA 的代谢。

丙酮和乙酰乙酸是动物体内存在的重要酮体。正常情况下，血液中酮体会被周围组织利用，因而其含量较少；当机体血糖水平降低时，草酰乙酸会离开三羧酸循环（TCA）用于合成葡萄糖，TCA 循环受阻会导致乙酰 CoA 转化生成酮体，最终导致体内酮体水平升高。本试验结果表明，血液中丙酮和乙酰乙酸含量无明显变化，推测由于妊娠后期母羊血糖水平稳定，并未引起机体酮体水平升高，因此血液中丙酮和乙酰乙酸含量保持平衡。

妊娠后期胎儿迅速成长，营养供应不足会导致母体产生应激反应，应激反应会引起代谢系统、神经系统和免疫系统紊乱，并影响动物的生产性能。血清中的皮质醇是反映动物应激状态的重要指标。本试验结果表明，母羊妊娠 120 d 和 140 d 血液中皮质醇含量，两组差异不显著，但 CON 组有增加的趋势，说明妊娠后期产生了轻度应激反应，而 PRN 组没有明显变化，说明日粮中添加过瘤胃烟酸可以缓解妊娠后期产生的轻度应激反应。

本研究发现，在妊娠 90 d 的母羊日粮中添加 2 g/（只·天）过瘤胃烟酸，能够显著提高妊娠母羊体重，有助于增加胸围、产羔数与羔羊初生重，有效提高妊娠 120 d 和 140 d 血糖水平，有效降低甘油三酯、游离脂肪酸和 β-羟丁酸水平。试验证明过瘤胃烟酸作为饲粮添加剂可以有效提高妊娠母羊生产性能，同时能够降低血脂水平。

3.1.4　母羊短期优饲的应用研究

3.1.4.1　母羊短期优饲发展现状

羊是最早被驯化的动物之一，在中国人的饮食生活和日常生活中扮演着重要的角色。羊在古代直至今天的祭祀活动、宴饮等礼仪活动中，也发挥着重要的作用。三千多年前的商周时期使用的占卜骨上就刻有"羊十牛二"的文字，意为用十只羊、二只牛为牲品。随着社会的发展和人们生活水平的提高，人们对羊肉的需求也随之提高。自20世纪80年代末以来，中国已成为绵羊、山羊饲养量、出栏量、羊肉产量最多的国家。羊的养殖方式也发生了变化，养羊业从粗放式经营开始转变为产业化经营，羊只开始大规模集中养殖。目前，两年三产是母羊规模羊场常用的一种配种产羔体系。以5月配种为例，母羊10月产羔，次年1月再配种，6月产羔，9月再配种，第三年2月又产羔。如此高频的繁殖，容易使母羊的能量处于负平衡状态。肖士元等人通过研究发现，营养不良性疾病会导致羔羊死亡比例增加。营养不足也会导致母羊发情迟缓、不发情或者安静发情，从而影响下一次的配种妊娠，打乱生产计划。因此，空怀母羊的主要任务是恢复体况。在牧区的牧草茂盛期，此时对母羊进行放牧或加强舍饲，可使母羊的膘情得以快速恢复，为下一次妊娠、泌乳做好准备。对于体质没有恢复、营养不足的母羊，需要对其进行短期优饲，提高饲养水平，使母羊尽快达到符合标准的配种体况。短期优饲的方法有两种：第一种是在放牧时延长母羊的放牧时间，使母羊在牧场采食更多的牧草；第二种是根据母羊的身体状态适当补充精饲料，使母羊营养得到充分补充，增加膘情，达到满膘配种，从而提高母羊的生长、繁殖性能。特别是在酷热的夏季，羊群的饮水更是重中之重。所以在放牧区域一般都不会离水源地太远，而且水源地的水质也要符合卫生规范。此外，注意对食盐的补充，还可以补充微量元素加快母羊的生长。

母羊在配种前的营养水平与产羔率密切相关。在母羊饲养过程中，饲料营养对母羊具有关键性的作用。在短期优饲中，补饲不同的营养物质会对空怀期母羊之后的体况和繁殖性能产生影响。日粮中的能量物质对母羊的配种、排卵和产犊时间都会造成影响。能量对于母羊的受精、妊娠和分娩时间具有非常重要的作用。如果能量摄入过高，会导致母羊肥胖，脂类物质会沉积在卵巢中，影响卵细胞的质量，从而影响母羊的排卵与配种。在受精成功的情况下，过肥可能导致受精卵的死亡。能量严重不足会导致母羊脂肪水平大幅降低，对繁殖性能和机体恢复产生不可逆的影响，导致生产性能下降，母羊被过早淘汰，直接影响羊场的经济效益。研究表明，在母羊分泌母乳期间，会消耗大量的能量，因此需要提高日粮中的能量含量。过多饲喂蛋白质饲料会使胎盘运输功能受阻，对母羊受精卵发育造成影响。如果蛋白质供应不足，母羊的排卵、发情都会受到影响，从而导致使用年限缩短，利用年限降低。目前，主要的蛋白质代替物是尿素，但其分解过程中会使输卵管的微环境发生变化，损害胎盘，对受精卵发育产生负面影响。因此，在饲养过程中应严格管理母羊饲料中的蛋白质品质。饲料中的微量元素在母羊的发情、受精、妊娠过程中也起到关键性的作用。微量元素的缺乏会影响母羊的繁殖性能，如缺乏钴元素会对胚胎的发育产生不良影响。同时，在矿物质不足的情况下，钾、钠会导致体内的 pH 平衡紊乱，因此需要适当增加日粮中微量元素和矿物质的含量。

根据我国发布的 2018—2023 年中国饲料行业市场需求预测与投资战略规划分析报告数据，2019 年饲料产量为 28466 万吨，较 2018 年的 29052 万吨减少了 2.0%。由于饲料产量的减少和饲料价格的上升，羊肉价格的下降使养羊成本进一步增加。因此，研究出一种提高母羊繁殖效益和降低饲养成本的方法尤为重要。施行短期优饲可以迅速使母羊增重，提高产羔率。杨自全等的研究表明，母猪的实际繁殖能力与潜在繁殖能力之间存在很大差距，加强配种准备期的饲养管理，可通过提供量多质优的卵子为高产奠定基础，对空怀期母猪进行短期优饲可以促进母猪发情排卵和提高受胎率。李群忠等发现，对配种前较瘦的经产母猪、后备猪和一产母猪采用短期优饲能明显促进发情、排卵和胚胎发育。此外，膘情很好的母猪短期优饲的效果则不是很明显。因此，对于母羊而言，空怀期饲养的好坏直接对母羊后续的发情排卵、妊娠、产羔有着巨大影响。目前，短期优饲技术已广泛用于单胃动物，而在反刍动物上的应用还较少。因此，本研究以本地空怀期母羊为研究对象，探讨补饲玉米豆粕饲料对母羊繁殖性能、血清生化指标的影响，为短期优饲在本地空怀母羊中的科学使用、饲料资源的高效利用及提高本地空怀母羊的生产性能提供数据参考和科学依据。

3.1.4.2　试验材料与方法

（1）试验材料、试验设计与饲养管理　选择 60 只体重近似，健康，空怀期本地母羊，随机分为 2 组，分别为对照组（CON）和优饲组，每组 3 个重复，每个重复 10 只母羊，优饲组在对照组日粮的基础上每天增加玉米饲喂量 200 g，连续 20 天。实验开始之前对圈舍、试验用具和周围环境进行消毒，对羊只进行疾病检测，接种疫苗后测体重。每天对羊舍卫生、料槽和水槽进行清理，做好防寒保暖工作，并且观察母羊的健康情况。基础饲粮参照《肉用绵羊日营养需要量》（DB65/T 4244－2019），其组成及营养水平见表 3-11。基础日粮与优饲日粮制成全混合颗粒饲料，保证每只羊的采食水平。

表 3-11　基础饲粮组成及营养水平（干物质基础）

原料	含量/%	营养水平	含量/%
玉米	25.2	消化能	9.0
豆油	2.0	粗蛋白	9.02
麸皮	4.0	粗纤维	19.36
豆粕	6.0	磷	0.42
玉米秸	20.5	钙	0.71
稻草	10.0		
干苜蓿	30.0		
石粉	0.6		
磷酸氢钙	0.7		
预混料	1.0		
合计	100.0		

预混料每千克饲粮提供：维生素 A 5000 IU，维生素 D 600 IU，维生素 E 16 IU，$Cu(CuSO_4 \cdot 5H_2O)$ 21.5 mg，$Zn(ZnSO_4 \cdot H_2O)$ 90 mg，$Co(CoCl_2 \cdot 6H_2O)$ 1.1 mg，$Mn(MnSO_4 \cdot 5H_2O)$ 80 mg，$Fe(Fe\text{-}SO_4 \cdot 7H_2O)$ 12 mg，$I(KI)$ 1.2 mg。

（2）样品采集及指标测定

① 母羊生长性能测定及方法。试验开始第一天和最后一天对优饲组和试验组饲前麻醉，空腹称重，计算初重、末重和平均日增重。观察并记录每组羊的采食情况。

② 产羔数及羔羊重量的测定及方法。在母羊产仔后对羔羊进行断脐、擦干黏液，对羔羊体重进行测量并记录数值，然后进行饲喂初乳等操作。

③ 母羊血液生化的测定及方法。在试验母羊饲养 20 天时，采集每只母羊的颈外静脉血液，标记好对照组和优饲组每只母羊的编号，使用非抗凝真空管收集，静置 30 分钟，离心机设置 4000 r/min，离心 10 分钟得到血清，用−20 ℃冰箱保存。使用迈瑞生化仪器检测血糖（GLU）、甘油三酯（TG）、游离脂肪酸（FFA）、总蛋白（TP）。促卵泡素（FSH）和促黄体素（LH）激素测定：采用放射免疫分析法（RIA）测定血清 FSH、LH。所用试剂盒为天津九鼎医学生物有限公司生产，按试剂盒规定方法测定。

（3）数据分析　数据采用 Excel 2010 进行统计分析，使用 SPSS 26.0 统计软件进行独立样本 t 检验，检验组内试验前后差异显著性，用单因素方差分析每组间的差异显著性。最后结果用"平均值±标准差"表示，用 $P > 0.05$ 表示差异不显著，$P<0.05$ 表示差异显著。

3.1.4.3　母羊短期优饲改善母羊体重和繁殖性能

配种前母羊体况好坏与繁殖性能有很大关系，而营养水平又是影响羊体况的重要因素。很多研究表明，配种前对母羊进行短期补饲增加体重、改善体况，有利于提高母羊繁殖性能。本试验优饲结束后，优饲组的体重显著高于对照组。母羊短期优饲后产羔数对比，优饲组的产羔数量与对照组相比显著提高，而羔羊体重差异不大。生长性能能直观反映反刍动物摄入营养物质后体内吸收利用效率。影响动物生长性能的因素有很多，主要包括动物品种、饲养管理、饲养环境，而日增重、饲料转化率等指标可以间接反映日粮中营养素的供应量与动物实际需要量的吻合程度。营养物质的摄入是满足动物生长最基本的条件，饲料中的干物质可以对动物的生命健康和生长性能提供足够的营养，这些营养满足了动物机体基本需求的时候，更多的干物质被摄入，可以促进动物的生产性能，如体重、产奶、产羔等。对母羊短期优饲后，优饲组的体重显著提高。廖荣荣等对贵州黑山羊和波尔山羊的杂交品种进行舍饲补饲和放牧补饲，结果显示舍饲补饲的羊在饲养结束后体重与增重均较大，这与本试验研究结果基本一致。说明母羊随着采食量的增加，可以将多余的饲料转化为脂肪，从而使母羊的体重提高。但程立慧等在研究中发现在湖羊配种前补饲 250 g 豆粕或玉米时，补饲前后不同体况母羊的体重没有发生显著的变化；郭云霞在研究中对母羊进行短期优饲，结果表明短期优饲母羊体重有增长趋势，但是与对照组体重差异不显著。Kosior 在研究中发现在母羊发情周期第 2~13 天补饲蛋白质饲料羽扇豆，结果显示两组母羊初重和末重差异均不显著。

营养物质对雌性动物的繁殖性能的影响非常大，当营养不足时可能会引起雌性动物的初情期推迟、乏情、繁殖率降低。日粮营养水平也对卵巢活动有显著的影响，因为营养不良会造成母畜乏情，青年母畜比成年母畜更为严重。Ying 等发现限饲导致母羊的发情出现延迟，卵泡的发育受到抑制。所以通过对繁育母羊补充适量的精料，是最大限度发挥母羊繁殖功能的一项重要的饲养管理方法。国内许多研究结果表明，母羊补饲可以提高排卵率、妊娠率和双羔率等繁殖性能。李景云等在研究中对东北细毛羊进行短期优饲，试验母羊受胎率提高了 3.33%，繁殖率提高了 8.25%。关恒发等对母羊进行短期优饲 40 天，体重增加了 3.13 kg，产羔率增加了 9.41%。武剑霞在研究中发现饲喂高能量饲料对母羊产犊的成活率有提升，比低能量饲料羔羊初生成活率提高 5.7%，对羔羊初生重也有提升。以上研究表明，给予空怀期母羊较高能量水平日粮有利于母羊生长和繁殖性能的提升，从而实现提高繁殖率的目的。上述研究结果与本实验结果基本一致，总的来说，营养的缺乏对母羊产羔、发情、排卵都会有负面影响，进而引起繁殖率的下降。因此，需要对繁殖母羊给予适当补饲，尤其是在空怀期对其补充适当营养，有利于提高繁殖率。此外，饲养方式、饲养水平、补饲的类型可能会影响短期优饲的效果。

3.1.4.4　母羊短期优饲调节血液生化指标

如表 3-12 测定结果所示饲养结束后优饲组与对照组母羊的血糖、甘油三酯、游离脂肪酸、总蛋白指标差异不显著；而优饲组的促黄体素与促卵泡素的指标显著高于对照组。

表 3-12　短期优饲对母羊血液生化指标的影响

项目	组别	含量
血糖/(mmol/L)	对照组	2.68 ± 0.12
	优饲组	2.73 ± 0.17
甘油三酯/(mmol/L)	对照组	0.55 ± 0.01
	优饲组	0.62 ± 0.04
游离脂肪酸/(mmol/L)	对照组	1.66 ± 0.03
	优饲组	1.42 ± 0.03
总蛋白/(g/L)	对照组	28.48 ± 2.24
	优饲组	27.04 ± 2.86
促黄体素 LH/(ng/mL)	对照组	45.21 ± 2.62^{a}
	优饲组	52.38 ± 3.87^{b}
促卵泡素 FSH/(ng/mL)	对照组	8.17 ± 1.03^{a}
	优饲组	10.94 ± 0.84^{b}

在正常健康的动物机体中，血液生化指标在一定范围内保持着动态的平衡。然而，一旦发生病变或生理变化，相应的血清生化指标会发生显著改变。因此，动物的血液生化检测在实际生产中，是评估其身体状态的重要手段。

在动物机体的代谢活动中，血糖作为重要的营养物质之一，尤其在反刍动物的能量代谢中扮演着关键角色，同时也是血液生化检测的核心项目。血糖浓度的高低直接反映了机体血糖的代谢状况。例如，反刍动物发生瘤胃酸中毒时，其血糖水平会显著高出正常水平的 2～3 倍；而血糖值低于正常范围则可能暗示营养缺乏或酮病的风险。本试验羊的血糖值在正常范围内，且两组间无显著差异。Somchit 等在补充羽扇豆的饲喂试验中，发现血糖水平显著上升。Vinoles 等和 Semacan 等的研究也表明，补饲不同类型的饲料会导致血糖浓度的增加，并显著高于对照组。这些结果的差异可能与短期优饲时采用的饲料种类有关。

此外，血清甘油三酯水平反映了机体对脂类的吸收和代谢情况。较低的水平通常表示动物对脂肪的利用效率较高。在本试验中，两组的甘油三酯均在正常范围内，说明短期优饲对母羊的甘油三酯水平没有显著影响，进一步说明优饲组母羊的脂肪利用能力与对照组相当。

同时，肝脏合成的血清总蛋白含量是评估动物机体蛋白供应和营养状况的重要指标。总蛋白包括白蛋白和球蛋白，其含量直接反映了机体的营养和蛋白供应状况。本试验中，两组羊的总蛋白值均在正常范围内，说明短期优饲对总蛋白的合成没有不利影响，且母羊能够正常吸收代谢，不会因营养过剩或缺乏而面临疾病风险。

激素在哺乳动物卵母细胞的成熟过程中发挥关键作用。促卵泡素和促黄体素是参与卵母细胞成熟的主要蛋白质激素。尽管 Vinoles 等的研究发现补饲玉米和豆粕后，试验组和对照组的促卵泡素水平无显著差异，但康晓龙等的研究表明，增加蛋白饲料的摄入会提高母羊的促卵泡素和促黄体素水平。本试验中，短期优饲后母羊的促卵泡素和促黄体素水平显著升高，同时产仔数也明显增加，这进一步证实了优饲对母羊生长和繁殖性能的积极影响。

综上所述，通过血液生化指标和激素水平的监测，我们可以更全面地了解动物机体的生理状态和营养需求。本试验的结果为实际生产中优化饲养管理提供了有价值的参考信息。

3.2 非营养性饲料添加剂的应用研究

3.2.1 复合消化酶在产前和产后母羊的应用研究

3.2.1.1 复合消化酶的饲用研究现状

羊肉产品因其"低脂肪、低胆固醇、高蛋白"的特性日益受到广大消费者青睐。我国人民生活条件变得越来越好，对于肉类的选择也变得越来越多样化，其中羊肉因为风味好深受消费者喜爱。在繁育过程中，母羊的妊娠期是一个十分重要的时间段。对于消化酶的研究，1975 年，美国首次将酶制剂作为添加剂应用到日粮配方中，直至 20 世纪 90 年代初，我国才开始对饲用酶制剂进行研究与应用。酶作为蛋白质的一种，是微生物发酵的天然产物，饲用酶制剂具有绿色、环保、安全无害的特征，被称为天然或绿色的添加剂。已有研究表明，酶制剂在猪、禽、水产动物以及反刍动物生产等领域取得了良好的效果，在反刍动物饲粮中添加酶制剂可以通过提高饲料消化率从而提高肉牛、肉羊的日增重和奶牛的产奶量。生长性能是畜牧生产中最为直观的指标，羔羊初生重可以反映在日粮中添加复合消化酶对于胎儿发育的影响，养分表观消化率直接反映出在日粮中添加复合消化酶后动物对养分的利用程度，血液生化指标可以反映内在和外在条件发生变化时动物的生理、代谢功能变化。对母羊进行血液生化指标检测可以分析出日粮中添加复合消化酶对其代谢活动的影响，而抗氧化能指标反映的是动物的抗氧化自由基的代谢状态。

在母羊妊娠期间内，保证营养需求是重中之重，母羊妊娠期一般为 5 个月（150 天），母羊妊娠期体重增长 7.5～12 kg 才能保证正常发育，在此期间需要大量的营养来保证妊娠母羊的体重增长。母羊妊娠初期通常是怀孕后 3 个月以内的阶段，此时母羊性格比较温顺，但行为迟钝，动作谨慎，背毛显得特别平滑且食欲旺盛。此时期受精卵正处在着床期，因此非常容易引起流产，所以在饲养过程中必须要格外注意。因为这个时期也是妊娠母羊健康成长的关键期，易遭受外部条件的影响，使受精卵不能顺利着床，从而造成妊娠母羊的流产。母羊妊娠后期即妊娠两个多月后的最后阶段，此时因为母羊需要大量营养物质为哺乳做准备，所以在妊娠后期就需要补充足够的营养物质来适应母羊和羔羊生长的需求，我们就由此来展开试验，探究是否可以在日粮中添加复合消化酶来增加母羊对于日粮的消化与吸收，保证妊娠母羊后期的营养需求与羔羊在母羊体内的健康正常发育。在此期间要注意科学的饲养管理，来保证试验的真实性。如果此时喂养得不好，极易引起母亲和胎儿生长发育不好，以致危害养殖场的经营效益。本次试验以本地妊娠母羊为研究对象，综合分析日粮添加复合酶制剂对妊娠母羊的表观消化率，血液生化指标，抗氧化指标，母羊体重与羔羊初生重的影响，旨在进一步了解复合消化酶对于妊娠母羊的影响。

3.2.1.2　试验材料与方法

（1）试验材料、试验设计与饲养管理　试验组日粮在饲喂正常日粮的基础上添加 1.6 g/kg 复合消化酶（蛋白酶∶脂肪酶∶淀粉酶∶纤维素酶＝1∶1∶1∶1，其中淀粉酶活性为 2000 U/g，蛋白酶活性为 20000 U/g，脂肪酶活性为 50000 U/g，纤维素酶活性为 10000 U/g）。对照组饲喂正常的日粮，并分栏管理，试验期为妊娠 90 d 至分娩。试验羊打耳标、注射疫苗，最后进行称重、分栏，每 12 只羊为一栏进行饲喂，试验开始后每 15 天进行一次杀菌。每天对羊舍卫生、料槽和水槽进行清理，并且观察母羊的健康情况。试验羊采用自由采食和饮水的方式在每日 6∶30 和 16∶00 进行饲喂，基础日粮组成及营养水平见表 3-13。基础日粮与试验日粮制成全混合颗粒饲料，保证每只羊采食均匀与完全。试验组日粮在基础日粮的基础上添加 1.6g/kg 复合消化酶制成。

表 3-13　基础日粮成分及营养水平（干物质基础）

原料	含量/%	营养水平	含量/%
玉米	25.2	粗蛋白	9.02
豆油	2.0	粗纤维	19.36
麸皮	4.0	磷	0.42
豆粕	6.0	钙	0.71
玉米秸	20.5		
稻草	10.0		
干苜蓿	30.0		
石粉	0.6		
磷酸氢钙	0.7		
预混料	1.0		
合计	100.0		

（2）样品采集及指标测定　在试验正式期内，对照组按照正常饲养方式进行饲养，试验组在正常日粮饲养基础上添加复合消化酶进行饲养。在母羊妊娠 90 d、120 d、140 d 的时候测量体重，在妊娠第 120 d 的时候连续三天进行母羊的表观消化率检测，在妊娠第 120 d 和第 140 d 的时候同时检测血液生化指标和抗氧化指标。

① 表观消化率测定项目及方法。母羊妊娠期达到 120 d 的时候，连续三天，

每个重复每天按五点法收集粪样 150 g，每 100 g 加入 10 mL 10%硫酸进行固氮，样品保存于－20 ℃冰箱中待测。采用四分法采集饲粮样品 200 g，参照《饲料分析与检测》中的方法，测定饲粮样品与粪样中粗蛋白质（CP）、粗脂肪（EE）、粗纤维（CF）、干物质（DM）、有机物（OM）含量及能量，采用酸不溶灰分法计算养分表观消化率，计算公式如下：

某养分表观消化率(%)＝100－{[(粪中该养分含量×饲粮酸不溶灰分含量)/(饲粮中该养分含量×粪中酸不溶灰分含量)]×100}。

② 生长性能测定项目及方法。在试验正式期内，在母羊妊娠期 90 d、120 d、140 d 以及分娩后测量体重、胸围，记录羔羊的头数与初生重。禁食（自由饮水）12 h 后逐头称重，计算体重总增重、胸围总增加。

③ 血液生化指标测定项目及方法。在母羊妊娠的第 120 d 与第 140 d 进行静脉抽血测定，每只通过前腔静脉采血 10 mL，使用台式低速自动平衡离心机（L500，湖南湘仪实验室仪器开发有限公司），3000 r/min 离心 10min 分离血清，－80 ℃保存。采用南京建成生物工程研究所的试剂盒，使用全自动生化分析仪（BS-420，迈瑞医疗国际股份有限公司）测定血糖（Bloodglucoseindex）、甘油三酯（triglyceride）、游离脂肪酸（freefattyacids）和总蛋白含量（Totalproteincontent）。

④ 抗氧化指标测定项目及方法。在母羊妊娠的第 120 d 与第 140 d 进行静脉抽血进行测定。在静脉血中加入 PBS，用匀浆器匀浆后，3000 r/min 离心 10 min，吸取上清液，采用南京建成生物工程研究所生产的试剂盒进行测定，包括总抗氧化能力（T-AOC）试剂盒、总超氧化物歧化酶（TSOD）试剂盒、丙二醛（MDA）测试盒、谷胱甘肽过氧化物酶（GSHPx）测试盒、过氧化氢酶（CAT）试剂盒。以上项目测定严格按照试剂盒说明书进行操作。

（3）数据分析　采用 Excel 进行统计分析，试验数据采用 SPSS 统计软件进行分析处理，最终结果用"平均值±标准差"表示。

3.2.1.3　复合消化酶提高日粮的消化利用率

对照组和试验组的表观消化率测定结果如表 3-14 所示，试验组干物质、有机物、总能和中性纤维素表观消化率显著高于对照组；粗蛋白质、粗脂肪、酸性纤维素和粗灰分表观消化率差异不显著。养分表观消化率直接反映动物对养分的利用程度。日粮中添加复合消化酶显著提高了妊娠母羊的 DM、OM、总能、NDF

表观消化率及表观消化能。王文奇等的研究表明，饲粮中添加复合消化酶能够提高肠道免疫能力，有利于构建肠道免疫屏障，改善肠道健康状态，增加肠道消化酶活性，从而提高肠道对饲料养分的消化率。关于纤维素酶和葡聚糖酶等酶类对反刍动物养分消化的影响已经有较多研究，添加酶制剂的主要目的是降解饲粮中难以消化的纤维素及抗营养因子，提高动物对日粮中营养成分的消化率和吸收率。日粮中添加外源性纤维素酶可以通过提高试验动物对纤维素的消化吸收来提升日粮营养物质的利用率，反刍动物在酶对底物的直接分解作用上与单胃动物是一致的，纤维素酶到达瘤胃后可以直接破坏纤维素的结构，提高养殖动物对日粮的利用率。

表 3-14　日粮添加复合消化酶对妊娠母羊表观消化率的影响

项目	对照组表观消化率/%	试验组表观消化率/%
干物质 DM	58.63 ± 4.03^a	63.17 ± 2.27^b
有机物 OM	63.83 ± 7.33^a	69.31 ± 4.87^b
粗蛋白质 CP	52.03 ± 3.42	54.73 ± 5.11
总能 DE	65.55 ± 4.08^a	70.83 ± 3.36^b
粗脂肪 EE	49.33 ± 7.24	51.02 ± 6.30
中性纤维素 NDF	45.31 ± 2.23^a	52.05 ± 4.86^b
酸性纤维素 ADF	38.38 ± 5.61	42.96 ± 3.66
粗灰分 Ash	50.05 ± 3.83	51.52 ± 5.78

DM、OM 的消化率是动物对饲料的消化特性的综合反映。试验中试验组DM、OM 值对比对照组有上升趋势，这可能是因为日粮中添加复合消化酶增加了饲料与消化酶的作用时间导致的。纤维素主要在瘤胃内降解，不仅是反刍动物和瘤胃微生物重要的能量来源，更是唾液分泌、反刍、瘤胃缓冲和瘤胃壁健康所需要的，同时确保其他营养物质的消化和吸收。李蒋伟等研究发现，在日粮中添加纤维素酶可以综合提高牛的表观消化率，该结论与本试验一致。复合消化酶可能对 NDF 有降解作用，对 ADF 无降解作用。本次试验中试验组与对照组 CP 指标差异显著，试验组 CP 呈现上升趋势，可能是由于复合消化酶中的蛋白酶对蛋白质有明显降解作用。

3.2.1.4　添加复合消化酶增加妊娠母羊体重以及促进羔羊生产

如表 3-15 所示，妊娠母 90～120 d、120～140 d，对照组与试验组体重出现显著增长，总增重有显著增加，而产后体重无显著变化。

表 3-15　日粮添加复合消化酶对妊娠母羊体重影响

项目		对照组	试验组
体重/kg	妊娠 90 d	44.3±2.8	43.7±5.4
	妊娠 120 d	53.1±4.6	56.7±3.7
	妊娠 140 d	57.1±3.8^a	61.8±5.0^b
	体重总增加	13.1±0.9^a	17.9±1.4^b
	产后母羊体重	46.3±4.4	47.0±4.2

日粮添加复合消化酶对妊娠母羊胸围影响如表 3-16 所示，妊娠母羊胸围在妊娠 90~140 d 无显著增加。

表 3-16　日粮添加复合消化酶对妊娠母羊胸围影响

项目		对照组	试验组
胸围/cm	妊娠 90 d	113.5±9.6	111.8±7.5
	妊娠 120 d	123.6±7.4	124.1±8.9
	妊娠 140 d	125.5±10.3	127.0±7.3
	胸围总增加	12.3±0.1	14.8±0.2
	产后母羊胸围	116.4±10.3	115.9±7.8

日粮添加复合消化酶对初生羔羊初生重影响如图 3-5 所示，试验组与对照组相比，羔羊的初生重没有显著增加，但是有增加的趋势。生长性能是畜牧生产中最为直观的指标，试验结果表明日粮中添加复合消化酶能够显著提高妊娠母羊的体重、平均日增重、降低料重比。所以在生产中给妊娠母羊提供适宜能量水平的日粮可以维持较高的产羔率和初生重。妊娠后期胎儿成长很快，妊娠母羊 80% 以上的体重增加都来自于这个阶段。该阶段营养供应不足，不仅会危害母羊的正常成长，同时还会危害妊娠母羊进一步生长与发育，从而导致妊娠母羊在分娩后的全身抵抗能力变差，胎儿出生体重较轻。

试验中表观消化率呈现上升趋势，说明试验组妊娠母羊比对照组母羊营养吸收得多，可以更好的满足妊娠母羊的营养需求，并且可以让妊娠母羊提高体重。李蒋伟等的试验表明，在日粮中添加蛋白酶可以提高反刍动物的日增重，原因是蛋白酶可以使动物在摄入蛋白质时加大对于蛋白质的消化以及吸收，与我们试验

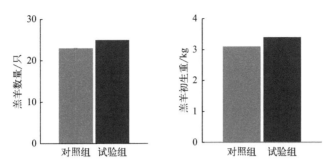

图 3-5　妊娠母羊日粮中添加复合消化酶对初生羔羊的影响

结果相一致。蛋白质对于反刍动物提高动物生长速度、改善产品品质有重要作用。羔羊的初生重在生产中有着关键性的作用，初生重越大断奶时体重越大，初生重越小断奶时体重越小，并且断奶体重越小的羔羊育成时间也越长，出栏时间也越长，相反，出生体重越重，育成时间也越短，出栏时间也越短。结果表明在妊娠后期供给母羊适当的复合消化酶，有助于早期胎儿的发育、产后羔羊的生长和母羊生产性能的保证。

3.2.1.5　复合消化酶影响妊娠母羊血液生化指标和抗氧化能力

测定结果显示试验组游离脂肪酸血液生化指标显著高于对照组，血糖、甘油三酯、总蛋白血液生化指标差异不大（图 3-6）。血液生化指标可以反映动物内在和外在条件发生变化时代谢功能的变化。对母羊进行血液生化指标检测可以分析出日粮中添加复合消化酶对其代谢活动的影响。血清尿素氮含量可以间接反映饲料的蛋白含量水平，也可较为准确地反映动物蛋白质代谢状况。试验表明日粮添加复合消化酶对妊娠母羊血液生化指标血糖、甘油三酯、总蛋白含量影响不显著。血清中甘油三酯含量反映了机体对脂类的利用状况，试验中试验组血清胆固醇含量和甘油三酯含量与对照组差异不显著，说明日粮中添加复合消化酶对妊娠母羊的甘油三酯代谢没有影响，同时也说明试验组妊娠母羊对体内脂肪的利用与对照组妊娠母羊一致。试验结果中试验组对比对照组，游离脂肪酸显著增高，这是因为复合消化酶中有脂肪酶的存在。杨媚等研究发现，日粮中添加脂肪酶可以增加脂类物质在胃内的分解与在小肠的吸收，与本研究一致。脂类物质是细胞膜的主要组成物质，而游离脂肪酸也称非酯化脂肪酸，是脂肪代谢的中间产物，同时也是合成细胞膜脂质结构和前列腺素的供体以及机体能量代谢的重要能量物质之一。总之，羊妊娠后期保持较高能量水平日粮有利于胚胎的生长发育，从而实现新生羔羊有较大的体尺，为今后的快速生长奠定基础。

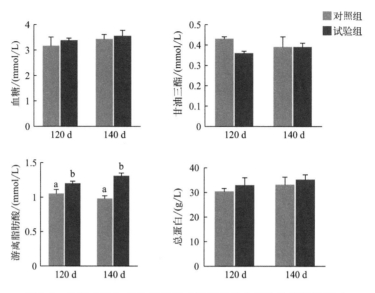

图 3-6　日粮中添加复合消化酶对妊娠母羊血液生化指标的影响

　　对照组与试验组抗氧化指标的变化如图 3-7 所示，结果显示，试验组与对照组总抗氧化能力、超氧化物歧化酶、过氧化氢酶、谷胱甘肽过氧化物酶、丙二醛差异不显著。动物机体的所有生命活动都需要机体各系统相互协调才能完成，这些系统通过发挥其生物学功能调节动物机体趋于健康和稳态状态，而血液将动物机体的各项生命活动相互联系起来，动物机体各组织器官发生的病理损伤在血液中都会直接体现出来。而抗氧化指标可反映出动物机体的抗氧化能力，反映的是动物的抗氧化自由基的代谢状态。提高抗氧化水平，有助于改善妊娠母羊的健康水平，为复合消化酶在妊娠母羊养殖生产中的推广应用奠定基础。当动物患病或出现应激时，会产生活性氧。当活性氧的产生与动物抗氧化能力不平衡后，就会导致氧化应激，容易造成妊娠母羊的流产。氧化应激通常被认为是动物疾病的主要原因。总抗氧化能力和超氧化物歧化酶是评价动物氧化状态的主要指标。在血清生化指标方面，本试验通过检测总抗氧化能力、超氧化物歧化酶、过氧化氢酶、谷胱甘肽过氧化物酶、丙二醛的含量变化探讨复合消化酶对妊娠母羊血清生化指标的影响。SOD 是机体清除氧自由基的重要抗氧化物，T-AOC 是机体抗氧化能力的综合性指标。结果表明，妊娠母羊基础日粮复合消化酶均不能提高妊娠母羊血清的总抗氧化能力、超氧化物歧化酶、过氧化氢酶、谷胱甘肽过氧化物酶、丙二醛水平。

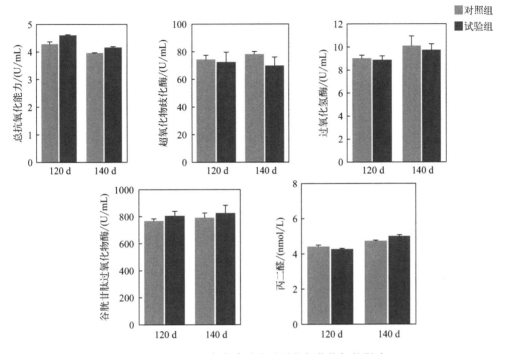

图 3-7　日粮中添加复合消化酶对抗氧化指标的影响

在妊娠母羊日粮中添加 1.6 g/kg 复合消化酶（淀粉酶∶蛋白酶∶脂肪酶∶纤维素酶＝1∶1∶1∶1）可显著提高干物质、有机物、总能和中性纤维素表观消化率，并显著提高妊娠母羊体重，并且有增加羔羊初生重的趋势，而游离脂肪酸水平显著增高。综上，在妊娠母羊日粮中可以添加复合消化酶。

3.2.2　姜黄素对妊娠母羊生产性能和血液生化指标的影响

3.2.2.1　姜黄素在饲料中的应用现状

姜黄素是传统药物姜黄的一种成分，可从生姜植物块茎中提取，具有抗病毒、抗微生物感染、抗肿瘤、降血脂、降血糖、抗氧化、清除自由基等作用，对心血管、肺部、神经系统、自身免疫性疾病等多种慢性疾病具有重要的治疗作用。到目前为止，有大量的体外、体内和临床研究表明，它具有抗氧化、抗炎、抗癌、抗糖尿病和抗病毒感染等功能。姜黄素类化合物的主要成分为二氢姜黄素、四氢姜黄素、姜黄素、二去甲氧基姜黄素和去甲氧基姜黄素根状茎。

近年来，大量研究发现姜黄素能够提高动物生产性能。张宝彤等在罗非鱼上的研究发现，日粮中添加 10、15、30、50、100 mg/kg 姜黄素均可显著提高罗非鱼平均增重率和特定生长率，显著降低饵料系数，其中 30 mg/kg 优于其他添加量。胡忠泽等在肉鸡上的研究发现，日粮添加 250 mg/kg 姜黄素可显著提高肉鸡 21 日龄和 42 日龄的体重、日增重、采食量，显著降低料重比。周明等在育肥猪上的研究发现，日粮添加 300、400 mg/kg 姜黄素显著提高了育肥猪平均日增重，添加 300 mg/kg 姜黄素显著降低了料重比。赵春萍等研究发现，日粮中添加 400 mg/kg 姜黄素可显著降低断奶仔猪料重比。仔猪日粮中添加不同水平姜黄素可有效提高断奶仔猪平均日增重和平均日采食量，其中添加 200 mg/kg 姜黄素组的仔猪生长速度最快，并且料重比最低。荀文娟等研究发现，日粮添加姜黄素可改善断奶仔猪回肠黏膜上皮形态，增加肠黏膜屏障完整性，提高仔猪免疫力，这可能是姜黄素提高断奶仔猪生产性能的机理之一。姜黄素对胎儿的抗氧化和抗炎作用在以低蛋白饮食喂养的小鼠模型中得到了证实。

目前，姜黄素作为饲料添加剂的应用还不是很普遍，在反刍动物中应用较少。本实验主要研究姜黄素作为饲料添加剂对妊娠母羊的影响，为姜黄素作为饲料添加剂在反刍动物中应用提供理论依据。

3.2.2.2　试验材料与方法

（1）试验材料、试验设计与饲养管理　选择 20 只体重近似，健康，妊娠 90 d 的本地母羊，随机分为 2 组，每组 10 只羊，分别为对照组（CON）和姜黄素添加组（在对照组日粮中添加姜黄素 200 mg/kg）。试验开始前对羊舍进行消毒处理，并对所有羊只进行驱虫，注射疫苗。羊的饲料组成见表 3-17。羊只以每个重复为单位单栏饲养，对照组每日饲喂基础日粮，姜黄素添加组饲喂添加姜黄素的日粮。饲喂时间分别为 07：00 和 17：00。羊只自由饮水。

表 3-17　母羊的基础日粮组成成分

原料	添加比例/%
玉米	56.7
麸皮	21.0

原料	添加比例/%
豆粕	14.0
棉籽粕	4.0
食盐	2.0
石粉	0.5
碳酸氢钙	0.8
微量元素＋维生素预混料	1.0

（2）样品采集及指标测定

① 表观消化率。采用常规全收粪法检测表观消化率，每个采样周期为 3 d。试验期间，每天上午 7 时饲喂妊娠母羊，并在饲喂前将所饲喂的日粮进行称重、记录。第二天早上将剩余的食物残渣收集起来进行称重。饲喂的食物的量减去剩余的食物重量即为每只妊娠母羊每天的采食量。表观消化率计算公式如下：

表观消化率＝（试验期间某营养成分摄入总量－试验期间某营养成分的排出总量）×100/试验期间某营养成分的摄入总量×100%；

营养成分的每日摄入量＝试验期间某营养成分的摄入总量/3。

② 母羊体重、胸围和羔羊体重。羊的体重均可以用正常的体重秤进行称量，称量时间为早晨饲喂前；母羊胸围的测量使用卷尺进行测量，胸围一般为由肩胛后端绕胸一周的长度。

③ 血液生化指标。在母羊妊娠 120 d 和 140 d 分别采集静脉血进行生化指标的测定。要在早晨空腹时进行采集，随机选择部分绵羊颈静脉采血 7 mL，血样室温静置 24 h，3000 r/min 离心 15 min，收集血清于 Eppendorf 管中，－20 ℃保存待测。使用罗氏 MODULAR P800 全自动生化分析仪进行检测，检测指标分别为血糖、甘油三酯、游离脂肪酸、总蛋白。

④ 抗氧化指标。采用 L-3180 半自动生化分析仪测定血清总抗氧化能力（T-AOC）、超氧化物歧化酶（SOD）活性、过氧化物酶（CAT）活性，谷胱甘肽过氧化酶（GSH-Px）含量、丙二醛（MDA）含量，试剂盒购于南京建成生物工程研究所。

（3）数据分析　采用 Excel 进行统计分析，试验数据采用 SPSS 统计软件进行分析处理，结果用"平均值±标准差"表示。

3.2.2.3　姜黄素提高妊娠母羊表观消化率、体重及羔羊生长

由表 3-18 可知，饲喂姜黄素能显著提高 DM、OM、总能、粗脂肪的表观消化

率，有改善 NDF 消化率的趋势。对照组 OM（60.90±4.5）相比实验组（69.31±87）增长最多，DM、粗脂肪和 NDF 都显著增加，变化最少的是 CP 和 ADF。

表 3-18　妊娠母羊日粮的表观消化率　　　　　　　　单位：%

项目	对照组	实验组
干物质 DM	55.40±3.68	61.04±5.12
有机物 OM	60.90±4.5	69.31±87
粗蛋白质 CP	53.21±2.96	54.17±4.35
总能 DE	63.88±5.36	69.40±7.18
粗脂肪 EE	47.53±4.20	54.43±9.6
中性纤维素 NDF	46.05±6.27	51.37±6.15
酸性纤维素 ADF	39.42±6.52	41.74±2.89
粗灰分 Ash	53.26±4.23	50.62±8.20

饲喂姜黄素对妊娠后期母羊体重的影响如图 3-8 所示。可以看出，妊娠 90 d 和 120 d 的母羊体重，对照组和姜黄素组差异不显著，随着妊娠后期体重的持续增加，在妊娠 140 d 时，姜黄素组（62.9±2.8）母羊的体重明显高于 CON（58.7±4.8）母羊的体重。

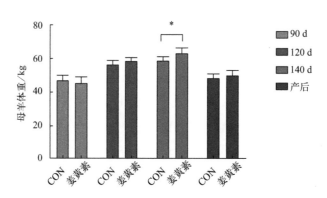

图 3-8　姜黄素对妊娠后期母羊体重的影响

饲喂姜黄素对妊娠后期母羊胸围的影响如图 3-9 所示。可以看出，妊娠 90 d、120 d、140 d 的母羊胸围，对照组和姜黄素组差异不显著，产后也没有明显的差异。

饲喂姜黄素对母羊产羔数量和羔羊初生重的影响如图 3-10、图 3-11 所示。从

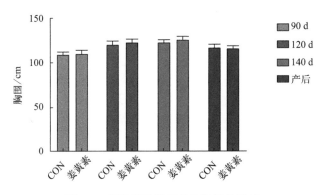

图 3-9　姜黄素对妊娠母羊胸围的影响

数据可以看出，姜黄素组的产羔数量明显高于对照组，姜黄素组的羔羊初生重也高于对照组。消化率与生产性能密切相关，提高仔猪养分消化率是提高其生产性能的重要途径之一。养分消化率的提高，可促进猪对干物质、氮和总能等养分吸收，减少排泄量，从而提高生产性能。有研究表明，日粮添加姜黄素可提高断奶仔猪生产性能、养分表观消化率，调节血脂代谢，改善肝脏功能，降低脂质过氧化水平，其中以 200 mg/kg 添加量为最佳。在本试验中，日粮添加姜黄素可以提高妊娠母羊对饲料养分的表观消化率，这与姜黄素能够提高猪的生产性能的结论一致。在古代，姜黄素除了被用作消炎药外，还被用来治疗胃肠（GI）疾病，如消化不良、腹胀、腹泻，甚至胃溃疡和十二指肠溃疡。姜黄素已被证实可以改善肠道的吸收，发挥抗氧化、抗炎和抗菌作用，从而预防上消化道疾病。母羊在妊娠期间可能会有消化不良、胃肠道吸收等疾病，食用含有姜黄素的日粮可以治疗相关疾病，这也是表观消化率指标增长的原因之一。

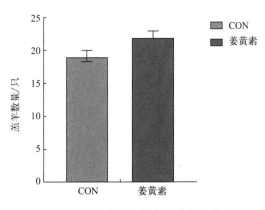

图 3-10　姜黄素对母羊产羔数量的影响

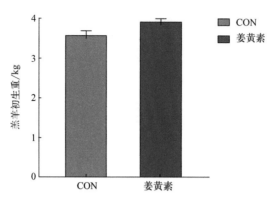

图 3-11　姜黄素对羔羊初生重的影响

在消化率方面，姜黄素改变了碳水化合物、脂类和蛋白质代谢的相关参数，明显改善了中性洗涤纤维消化率的趋势。母羊以及羔羊的体重，均有所改善，只有在养分吸收较好的情况下，体重才会上升，这也可以证明上述结论。我们猜测随着母羊表观消化率的提高，间接地影响胎儿的养分吸收。胎盘在人类和哺乳动物的正常发育中起重要作用。胎盘发育受损，可能会导致先兆子痫（PE）、胎儿生长受限（FGR）、早产（PTB）、妊娠期糖尿病（GDM）、流产等严重的病理情况，以及更严重的病理如绒毛膜癌，其重要性显而易见。此外，与绒毛膜羊膜炎一样，暴露于有毒物质、病毒和细菌可能会损害正常的胎盘发育。姜黄素在不同领域得到了广泛的研究，显示出广泛的作用，包括抗氧化、抗炎、解毒、抗细胞凋亡、抗糖尿病和免疫调节作用。体外研究和动物模型表明，这种化合物可作为治疗多种妊娠并发症的药物。本研究中，在日粮中添加姜黄素可以预防一些相关疾病，可能会影响产羔率，产羔总数由 19 增加到 22 只，并且羔羊初生的重量相比对照组也有所增加。

3.2.2.4　姜黄素影响母羊血液生化指标

如图 3-12 所示，在妊娠 140 d 时，甘油三酯的水平出现了显著的提升。而在妊娠 120 d 和 140 d，游离脂肪酸也展现出了明显的增长趋势。除此之外，血糖和总蛋白的含量也呈现出较为显著的增长。从总体上看，这些血液生化指标均呈现出增长态势，这在一定程度上暗示了姜黄素在促进血液代谢方面可能具有积极作用。进一步地，我们在妊娠 140 d 时对血糖进行测量，发现姜黄素组（3.36±

0.15）的血糖水平显著高于 CON 组（2.16±0.09）。同样，在妊娠 120 d 和 140 d 测定的脂肪酸水平也均显示出显著的升高。

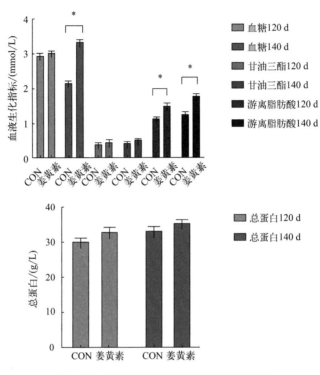

图 3-12　姜黄素母羊血液生化指标的影响

本研究中，血液生化检测结果显示血糖、甘油三酯、游离脂肪酸和总蛋白均有所上升。这表明，在日粮中添加姜黄素可以促进妊娠母羊的脂肪动员。在血浆中，胆固醇主要由高密度脂蛋白（HDL）转运回肝脏进行代谢，而低密度脂蛋白（LDL）则负责将胆固醇转运至组织。值得注意的是，姜黄素能够降低喂食高胆固醇小鼠的血浆甘油三酯、总胆固醇、低密度脂蛋白胆固醇浓度，同时提升血浆高密度脂蛋白胆固醇浓度，并抑制 HMG-CoA 还原酶的转录。大量研究已证实，姜黄素具有降低血脂水平的作用。普遍认为，较高的 HDL 和较低的 LDL 对机体健康是有益的。然而，对于大鼠的研究显示，补充姜黄素对其血糖、甘油三酯、总蛋白并无显著影响，这可能与动物种类和姜黄素剂量有关。姜黄素的生理功能包括保护肠黏膜、抗氧化、调节代谢、抑菌抗炎等，而本实验的结果也在一定程度上证实了这些作用。尽管在抗氧化检测指标中并未发现明显变化，但姜黄素抑制脂质过氧化反应是通过清除参与过氧化反应的活性自由基来实现的。已有大量试验证明,在饲料中添加适量姜黄素可以有效提高动物的抗氧化性能。在本研究中,抗氧化水平的上调并不明显,甚至有些指标有所降低。这可能与实验条件、动物种类、姜黄素的剂量或作用时间等因素有关。此外,研究表明,不同剂量的姜黄素对哺乳羔羊血清生化指标的影响存在差异。例如,仅 200 mg/kg 的姜黄素能提高试验第 30 天的血糖和尿素水平,而 100 mg/kg 和 200 mg/kg 的姜黄素均能降低第 15 天和第 30 天的血清总蛋白和球蛋白水平,并升高胆固醇水平。这些结果与本研究的实验结果相似,表明姜黄素对血液生化指标的影响可能因剂量和时间的不同而有所差异。

从表 3-19,我们可以发现,抗氧化指标的变化并不显著,仅在妊娠 140 d 时,总氧化能力有所提升,而其他指标则呈现出下降的趋势。血液中的生化参数是反映动物代谢状态的重要指标。在正常的妊娠过程中,母羊会出现葡萄糖产生增加、糖的利用增多以及脂肪分解加速等现象,这些都是为了满足胎儿肝脏糖异生能力的明显提升。在妊娠期间,母羊饲喂大量精料会导致脂肪积累增多,而胎儿的吸收则加速了脂肪的分解,进而引起甘油三酯和游离脂肪酸的增加。

表 3-19　母羊妊娠 120 d 和妊娠 140 d 抗氧化指标

项目	组别	妊娠 120 d	妊娠 140 d
总抗氧化能力/(U/mL)	CON	3.69±0.03	3.78±0.05
	姜黄素组	3.76±0.05	4.04±0.02
超氧化物歧化酶/(U/mL)	CON	72.74±4.53	74.83±2.57
	姜黄素组	73.37±4.80	76.74±7.20
过氧化氢酶/(U/mL)	CON	10.32±0.85	9.93±0.44
	姜黄素组	9.84±0.56	9.58±0.39
谷胱甘肽过氧化物酶/(U/mL)	CON	813.60±18.55	820.52±33.72
	姜黄素组	801.67±55.30	818.23±40.72
丙二醛/(nmol/L)	CON	5.06±0.09	5.05±0.03
	姜黄素组	4.98±0.05	5.09±0.10

以往的研究广泛证实了姜黄素的抗菌活性,尽管在某些体内实验中,其效果并不显著。在众多关于姜黄素的抗菌作用研究中,其对幽门螺杆菌的抑制效果尤为突出,尤其在与其他药物联合使用时,能显著减轻胃炎症状。此外,姜黄素还展现了强大的抗病毒活性,对各种病毒病原体均有显著作用,这为其从天然资源

中开发出新型抗病毒药物提供了可能，特别是通过研发其衍生物。姜黄素在治疗疾病方面的应用正逐渐普及，公众对其潜在健康益处的兴趣也日益浓厚。为了提高姜黄素的生物利用度和有效性，科研人员已经研发出了多种制剂，并在过去的几年中发表了众多相关科学论文。总结来说，尽管姜黄素具有诸多益处，但在妊娠期使用仍需谨慎评估。

3.2.3　大蒜素对妊娠母羊生长性能、血液生化指标及抗氧化能力的影响

3.2.3.1　大蒜素在饲料中的应用现状

在动物生产活动中，提高动物的生产性能已经成为畜牧生产和动物科研工作的一项重要目标。养殖人员以及畜牧兽医工作者在提高动物生产性能和疫病防治中往往会使用抗生素，而抗生素在动物生产活动中的不足也越来越明显，寻找毒副作用更小、作用更高效的抗生素替代品已成为无法避免的问题。在寻找过程中，研究人员把目光更多地放在植物及其提取物的方向上，因其具有天然的抗菌、促进生长的作用，且具有无耐药性以及无毒副作用的优点，被人们广泛关注。生物发酵和化学合成得到的抗生素是目前畜禽兽医临床常见两大类抗生素，如青霉素、新霉素和恩诺沙星等。除这两类，还有一类是由天然植物提取的抗生素，它既不属于生物发酵，也不属于化学合成，如大蒜素（alicin）。大蒜素是大蒜中提取出来的大蒜气味浓烈的有机硫化物，由于它具有抗菌杀菌、抗病毒、提高动物生长效率、改善血液生化指标和抗氧化等多种生物功能，因此常被用作抗生素替代品，应用到动物生产活动中。大多数动物能够很好地接受大蒜中的大蒜香味，因此能够提高动物采食量，促进体重增长，且大蒜素能够改善动物的免疫功能，从而提高动物生产性能，增加经济效益。使用抗生素导致畜牧产品中药物残留的问题日益严重，寻找绿色、毒副作用小的抗生素替代品成为维护动物源食品安全和公共卫生安全的重要途径。而无毒、无害、无耐药性的大蒜素正好符合这一条件。

井明艳等在试验中发现，把浓度为25%的大蒜素分别以1.6 g/（只·d）、1.2 g/（只·d）、0.8 g/（只·d）加入到绵羊日粮中，结果显示添加量为1.3～1.5 g/（只·d）时，绵羊体重增长最明显。赵健康等在湖羊的精料中加入大蒜素发现，与对照组相比，在湖羊日粮中加入2 g/（只·d）的大蒜素，此批湖羊的腹泻率降低

了 26.7％，日增重有显著提高，增重利润增加了 21.2 元，增加了 14.7％的经济效益。以上研究结果显示，在反刍动物的饲料中添加适量的大蒜素可以有效提高反刍动物的生产性能。

因大蒜素能够散发出强烈的大蒜气味，具有良好的驱赶苍蝇蚊虫的效果，可以有效阻止蚊虫苍蝇在羊群粪便中繁殖污染饲料，减少疾病传播；同时大蒜素拥有显著的防霉效果，可以有效抑制和杀灭如黄曲霉等多种动物饲料中常见的霉菌，因此，在饲料中添加大蒜素可有效提高饲料的保质期以及饲料的品质。因大蒜素具有强烈的大蒜香味，受大多数动物的喜爱，故其是一种性能优良的调味剂。此外，饲料中因原料问题引起的异味能够被大蒜素的气味所掩盖，解决了动物因气味导致的厌食问题，提高了饲料的适口性，增加动物对饲料的摄入量。有研究资料显示，大蒜素能刺激动物食欲，促进胃液分泌，刺激胃肠蠕动和促进消化，从而促进动物生长。

同时大蒜素是一种效果与抗生素类似的天然广谱的抗菌物质。大蒜素通过影响细菌代谢和减少细菌分泌黏附物质，抑制细菌的繁殖或将细菌杀灭，因此大蒜素可以杀灭葡萄球菌等多种病原微生物，并且可以有效防治胃肠炎痢疾和球虫病等多种疾病。此外，大蒜素能参与细胞免疫，有利于新陈代谢，提高细胞活力，并在机体免疫机能中发挥重要作用。到目前为止，喂食过大蒜素的动物在其体内还未发现对大蒜素具有耐药性的细菌，因此饲喂大蒜素不易产生耐药性。在妊娠方面，大蒜素也不会导致胎儿畸形、基因突变等不良影响。大蒜素还具有良好的抗癌作用，能够阻止和干扰亚硝胺在体内合成，抑制癌细胞的扩散。

但是，不同浓度的大蒜素作用效果也有所不同，因此使用者应当选择合适的浓度以及选择合适的用量。贺建忠等在给卡拉库尔羊饲喂大蒜素的试验中发现，相比于对照组，在日粮中添加大蒜素不但没有增加卡拉库尔羊的日增重，反而使其日增重减少。造成卡拉库尔羊体重下降的原因，可能是大蒜素超出了合适的使用剂量，导致瘤胃内菌群环境失调，消化吸收功能减弱，最终导致了卡拉库尔羊的日增重下降。

有研究显示，大蒜素还具有降脂抗氧化的功能，黎七雄等在研究中发现，患糖尿病的小鼠体内一氧化氮含量明显低于正常值，心脏抗氧化功能下降明显，同时在小鼠血液中发现，胆固醇含量明显上升，血红蛋白含量和白细胞数量也明显减少，在给糖尿病小鼠饲喂大蒜素后，明显使上述变化发生了扭转。其中，小鼠体内抗氧化功能得到改善，是因为大蒜素能够提高超氧化物歧化酶的活性，从而提高抗氧化能力。在此试验中，大蒜素也明显增强了小鼠体内细胞的免疫功能。

　　母羊的妊娠是养羊过程中最重要的环节之一，妊娠母羊的好坏直接关乎养殖场效益。妊娠期母羊对营养的需求，在各个阶段是有所不同的，所以我们要根据妊娠母羊的各个阶段合理进行饲喂，保证日粮营养全面，注意蛋白质、维生素以及矿物质等的摄入。在母羊的日粮中添加大蒜素，可以有效地提高母羊食欲，促进消化，增加母羊的采食量，使母羊体重增加，从而改善母羊在孕期营养不足的问题，促进母羊妊娠期胎儿的发育；可有效提高母羊免疫力，在一定程度上降低母羊疾病发生率；也可防止胎儿因饲料霉变导致发育不良或流产。若母羊发生细菌性疾病，考虑到抗生素的药物影响，可选择使用安全性强的大蒜素对妊娠母羊进行治疗。

　　目前，关于大蒜素对妊娠母羊生产性能的影响的研究还较少，本试验以妊娠母羊为研究对象，综合分析大蒜素对妊娠母羊生产性能的影响。

3.2.3.2　试验材料与方法

　　(1) 试验材料、试验设计与饲养管理　挑选 24 只体重近似，健康状况良好，妊娠 90 d 的母羊，称重，随机分成两组，每组 12 只羊，分别为对照组（CON）和大蒜素添加组（大蒜素）。在试验开始前，对羊舍进行打扫和消杀工作，并保持每两周消杀一次；每天清理食槽水槽，保证饲喂条件良好；每天及时清理粪便，以免其他因素干扰实验。羊的妊娠期为 150 天，前三个月为妊娠前期，后两个月为妊娠后期，此次试验母羊均处于妊娠后期，应注意避免母羊长时间运动。此期间胎儿生长快，日粮配方须保证母羊营养充足，大蒜素添加组在试验羊日粮配方基础上添加 2 g/kg 的浓度为 25% 的大蒜素，对照组则不添加。两组羊均自由采食和饮水。具体试验羊日粮组成及营养成分见表 3-20。

表 3-20　母羊的基础日粮组成及营养成分

饲料组成	比例/%	营养水平	含量/%
玉米	60	粗蛋白	10
麦麸	14	钙	1.99
豆粕	20	磷	0.15
小苏打	1	中性洗涤纤维	43.32
食盐	0.7	酸性洗涤纤维	29.87
钙粉	0.5		
预混料	3.8		

（2）样品采集及指标测定

① 生长性能指标测定及方法。在试验母羊妊娠 90 d、120 d、140 d 时以及产后，对对照组母羊和大蒜素组母羊进行体重测量、胸围测量，记录母羊产羔羊数和羔羊初生重。

② 血液生化指标测定及方法。在试验母羊妊娠 120 d 和 140 d，采集每只母羊的颈静脉血液，用非抗凝真空管收集，标记好每只母羊的编号，静置 30 分钟，离心机 4000 r/min 离心 10 分钟得到血清，使用迈瑞生化仪器检测血糖（GLU）、甘油三酯（TG）、游离脂肪酸（FFA）、总蛋白（TP）。

③ 血清抗氧化指标测定及方法。在试验母羊妊娠 120 d 和 140 d，采集每只母羊的颈静脉血液，用真空管（不含抗凝剂）收集，标记好每只母羊的编号，静置 30 分钟，离心机 4000 r/min 离心 10 分钟得到血清，血清总抗氧化能力（T-AOC）、超氧化物歧化酶（SOD）、过氧化氢酶（CAT）和谷胱甘肽过氧化物酶（GSH-Px）、丙二醛（MDA）使用酶标仪（Synergy HTX，BioTek，美国）和试剂盒（北京生物制品研究所）检测。

（3）数据分析　数据采用 Excel 2010 进行统计分析，利用 SPSS 26.0 统计软件进行独立样本 t 检验，用单因素方差分析比较每组间的差异显著性。最后结果用"平均值±标准差"表示，$P > 0.05$ 表示差异不显著，$P < 0.05$ 表示差异显著。

3.2.3.3　大蒜素提高妊娠母羊生长性能

如图 3-13 测定结果所示，大蒜素添加组（大蒜素）与对照组（CON）相比，在母羊妊娠 140 d 时，体重增加显著，总增重显著增加，羔羊初生重有增加的趋势；其他数据虽有增加趋势，但差异不显著。本研究结果表明，在妊娠母羊日粮中添加一定比例的大蒜素使得母羊体重有显著增加，羔羊初生重也有增长趋势，但其胸围、产羔数无明显差异。蒲仕文等研究发现，在小尾寒羊的日粮中添加大蒜素可以提高饲料摄入量，改善其料重比。Ahmed 等发现，在动物饲料中加入柑橘提取物和大蒜素的混合物也能将饲料摄入量提高。吴春昊在给鲟鱼的饵料中加入大蒜素的试验中发现，大蒜素能够改善鲟鱼肠道菌群平衡，从而提高消化吸收能力，提高鲟鱼生长效率。Redoy 等发现，给动物喂食大蒜叶子可以提高饲料转化率。给猪的日粮中补充适量大蒜素能够显著提高日增重。Samolińska 等的研究表明，大蒜素添加组在育肥期以及生长阶段提高了动物日增重，跟对照组相比饲料转化率更高。上述试验结果跟本试验结果基本一致，动物采食量以及饲料转化

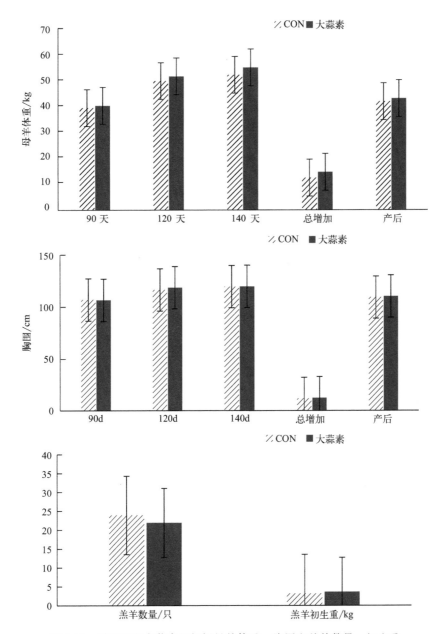

图 3-13　对照组和大蒜素组妊娠母羊体重、胸围和羔羊数量、初生重

率提高后，动物的生长情况就能够得到改善，有助于增加动物体重。本研究中，母羊日增重明显提高，说明日粮中添加大蒜素对母羊采食及消化无不良影响，结合上述研究可以看出，大蒜素能够提高动物采食量，促进肠道菌群平衡，提高饲料转化率，使母羊生长效率提高，这应该是导致母羊体重增加的原因。当母羊体

重增长，胎儿营养也会得到提升，故羔羊初生重也有所增加。

3.2.3.4 大蒜素改善母羊血液生化指标和抗氧化能力

如表 3-21 所示，对照组与大蒜素组血液生化指标血糖（GLU）、甘油三酯（TG）、游离脂肪酸（FFA）差异不明显，而总蛋白水平显著降低。血糖是反刍动物维持体内内环境的重要成分，当反刍动物血液中血糖水平低于正常值时，则表明其有营养缺乏、饥饿、患酮病等可能，若血糖值高于正常值，则表明其有瘤胃酸中毒的可能性。甘油三酯能够为机体储存和提供能量，还有固定和保护内脏的作用，是检测体内血脂水平的重要指标。当甘油三酯高于正常值时，则提示机体脂肪代谢异常，其可能有糖尿病、肝病等；低于正常值时，提示可能与甲状腺功能亢进、肾上腺皮质功能减退、营养不良等疾病有关。游离脂肪酸是中性脂肪分解形成的一类有机酸，是反映机体内脂肪代谢水平的重要指标。血清总蛋白分为白蛋白和球蛋白，是反映机体内蛋白合成情况的重要指标，是一项重要的临床生化检测项目。刘敏等在绵羊日粮中添加大蒜素的研究中发现，饲喂大蒜素的绵羊血液中总蛋白水平显著提高，说明大蒜素可以将日粮蛋白的利用率提高，以促进机体内蛋白的合成。本研究中，向母羊日粮中添加大蒜素后，母羊血液中血糖、甘油三酯和游离脂肪酸差异不明显，说明在饲料中添加大蒜素没有对妊娠母羊的血糖、供能储能及脂肪代谢造成影响，但其总蛋白结果显著降低，母羊体内合成蛋白的能力变化明显，这与刘敏的结论不一致，可能是羊的品种以及发育阶段不同，其具体原因还有待探究。

表 3-21 对照组和大蒜素组血液生化指标测定结果

项目	组别	妊娠天数	
		120 d	140 d
血糖/(mmol/L)	CON	2.47±0.54	2.94±0.29
	大蒜素	2.43±0.20	2.77±0.14
甘油三酯/(mmol/L)	CON	0.41±0.03	0.40±0.03
	大蒜素	0.39±0.01	0.38±0.03
游离脂肪酸/(mmol/L)	CON	1.12±0.03	0.94±0.06
	大蒜素	0.97±0.04	1.02±0.03
总蛋白/(g/L)	CON	40.56±3.03a	38.90±2.87a
	大蒜素	34.93±4.13b	33.06±2.68b

与对照组相比，大蒜素组的血清总抗氧化能力（T-AOC）、超氧化物歧化酶（SOD）显著增加，过氧化氢酶（CAT）和谷胱甘肽过氧化物酶（GSH-Px）结果差异不明显，但丙二醛（MDA）水平显著降低（表3-22）。总抗氧化能力（T-AOC）是各种抗氧化物质和抗氧化酶等构成的总抗氧化水平，是衡量机体抗氧化系统的指标；超氧化物歧化酶（SOD）活力的测定能够间接反映动物机体清除自由基的能力；过氧化氢酶（CAT）可以清除体内的过氧化氢，防止细胞被过氧化氢损害；谷胱甘肽过氧化物酶（GSH-Px）可使细胞膜不被过氧化物损伤；丙二醛（MDA）是一种脂质过氧化物，可以有效反映动物机体内脂质过氧化的程度，并间接反映体内细胞的受伤程度。自由基学说提出后，研究人员发现动物机体氧化会导致提前衰老以及疾病发生，而自由基的强氧化性是引起疾病的主要原因。在机体抗氧化系统稳定时，体内不会过度产生自由基，自由基能够自主维持体内动态平衡，过度产生自由基的情况只有在受到异常应激刺激导致抗氧化系统紊乱后才会发生，而大蒜素中所含的有机硫化物可以利用其还原性清除多余的自由基。超氧化物歧化酶（SOD）能够清除机体的 O^{2-}，在超氧化物歧化酶（SOD）的作用之下 O^{2-} 可以快速地歧化为过氧化氢并进一步转化成为氧化氢，从而将自由基清除；谷胱甘肽过氧化物酶（GSH-Px）可以将过氧化物还原为对机体无害的羟基化合物。有研究发现，大蒜素能和动物体内的有机物生成抗氧化复合物。闫慧英等将大蒜汁液加入大鼠离体血清以及肝脏的研磨液后发现，大蒜汁液显著提高了其血清超氧化物歧化酶（SOD）活性，并显著降低了丙二醛（MDA）的含量。在给大鼠日粮中添加大蒜素的试验中发现，大鼠的血清超氧化物歧化酶（SOD）的活性显著提高、丙二醛（MDA）的含量显著降低。上述结果与本试验一致，说明在动物饲料中添加大蒜素能够提高抗氧化酶的活性，清除体内氧化终产物及多余自由基，并降低体内丙二醛的含量。但王颖等给肝损伤小鼠灌饲大蒜素后却发现小鼠的肝超氧化物歧化酶（SOD）活性并未提高，反而有所下降。大蒜素对超氧化物歧化酶（SOD）效果不一原因，可能跟大蒜素服用浓度有关，高浓度的大蒜素机体短时间内吸收代谢不完全，影响了其抗氧化作用的发挥。韩娜给小鼠饲喂大蒜素的试验结果表明，大蒜素能让小鼠血清中谷胱甘肽过氧化物酶（-PX）的活性显著提高，使脂质过氧化物（LPO）的含量显著降低，并能显著提高谷胱甘肽过氧化物酶（GSH-PX）与脂质过氧化物（LPO）的比值。陈常秀将大蒜素添加到肉鸡饲料中的试验表明，肉鸡血清以及肝脏中的谷胱甘肽过氧化物酶（GSH-Px）活力与对照组相比得到了显著提高，丙二醛（MDA）的含量明显降低。Helen 在研究中指出，给动物饲喂大蒜素后显著提高了机体各组织中谷胱甘肽过氧化物酶（GSH-Px）的活性。Helen 等发现，大蒜油显著提升了小鼠对过氧化作用的抵抗力，这可能是由于服用了大蒜素的小鼠提高了的机体抗氧化物酶的活性，且机体内谷胱甘肽得到了累积。上述陈常秀以及韩娜等的试验与本试验中的谷胱甘肽过氧化物酶结果不一致，或许跟实验对象不一致有关。

表 3-22　对照组和大蒜素组血清抗氧化指标测定结果

项目	组别	妊娠天数	
		120 d	140 d
总抗氧化能力/(U/mL)	CON	3.14 ± 0.01^a	2.93 ± 0.02^a
	大蒜素	5.25 ± 0.03^b	5.02 ± 0.02^b
超氧化物歧化酶/(U/mL)	CON	87.42 ± 9.11^a	91.03 ± 6.42^a
	大蒜素	92.03 ± 4.77^b	99.40 ± 5.36^b
过氧化氢酶/(U/mL)	CON	7.53 ± 0.35	7.17 ± 0.61
	大蒜素	8.51 ± 0.60	8.83 ± 0.22
谷胱甘肽过氧化物酶/(U/mL)	CON	816.53 ± 65.32	874.54 ± 37.58
	大蒜素	903.37 ± 50.33	893.47 ± 48.99
丙二醛/(nmol/L)	CON	5.11 ± 0.03^a	4.93 ± 0.05^a
	大蒜素	3.80 ± 0.01^b	3.20 ± 0.03^b

本研究结果显示给母羊日粮中添加大蒜素使总抗氧能力（T-AOC）显著增加，说明提高了机体总抗氧化水平；超氧化物歧化酶（SOD）活性显著升高，说明母羊体内清除自由基的能力得到提升；丙二醛（MDA）显著降低，说明母羊体内脂质过氧化程度降低；但过氧化氢酶（CAT）及谷胱甘肽过氧化物酶（GSH-Px）差异不显著，也就是说对机体清除过氧化氢和抵抗过氧化物带来的伤害的能力影响不大。因此，综合本研究结果，给妊娠母羊饲料中添加大蒜素能够提高体内总抗氧化水平，有效清除体内产生的多余的自由基，减少疾病的发生以及延缓衰老带来的负面影响，并能够降低体内脂质过氧化，降低细胞受伤程度，使得机体抗氧化能力得到提高。

综上所述，在妊娠母羊日粮中添加大蒜素可以提高母羊生长性能，对母羊血液生化指标影响不大，对血液抗氧化功能有一定的帮助。

参考文献

[1] Ahmed E, Batbekh B, Fukuma N, et al. A garlic and citrus extract: Impacts on behavior, feed intake, rumen fermentation, and digestibility in sheep [J]. Animal Feed Science and Technology, 2021, 278: 115007.

[2] Amaral D M, Veenhuizen J J, Drackley J K, et al. Metabolism of Propionate, Glucose, and Carbon Dioxide as Affected by Exogenous Glucose in Dairy Cows at Energy Equilibrium1 [J]. Journal of Dairy Science, 1990, 73 (5): 1244-1254.

[3] Archibeque S L, Burns J C, Huntington G B. Nitrogen metabolism of beef steers fed endo-phyte-free tall fescue hay: effects of ruminally protected methionine supplementation [J]. J Anim Sci, 2002, 80 (5): 1344-1351.

[4] Arriola K G, Oliveira A S, Ma Z X, et al. A meta-analysis on the effect of dietary application of exogenous fibrolytic enzymes on the performance of dairy cows [J]. J Dairy Sci, 2017, 100 (6): 4513-4527.

[5] Barandeh B, Amini Mahabadi J, AZADBAKHT M, et al. The protective effects of curcumin on cytotoxic and teratogenic activity of retinoic acid in mouse embryonic liver [J]. J Cell Bio-chem, 2019, 120 (12): 19371-19376.

[6] Berthiaume R, Thivierge M C, Patton R A, et al. Effect of Ruminally Protected Methionine on Splanchnic Metabolism of Amino Acids in Lactating Dairy Cows1 [J]. Journal of Dairy Sci-ence, 2006, 89 (5): 1621-1634.

[7] Chen J, Yang Z, Dong G. Niacin nutrition and rumen-protected niacin supplementation in dairy cows: An updated review [J]. British Journal of Nutrition, 2019, 122 (10): 1103-1112.

[8] Çolakoğlu H E, Yazlık M O, Pekcan M, et al. Impact of prepartum body condition score loss on metabolic status during the transition period and subsequent fertility in Brown Swiss dairy cows [J]. Journal of Veterinary Research, 2019, 63 (3): 375.

[9] Costa M A. The endocrine function of human placenta: an overview [J]. Reproductive Bio-Medicine Online, 2016, 32 (1): 14-43.

[10] Esmaeili A, Sotoudeh E, Morshedi V, et al. Effects of dietary supplementation of bovine lactoferrin on antioxidant status, immune response and disease resistance of yellowfin sea bream (Acanthopagrus latus) against Vibrio harveyi [J]. Fish Shellfish Immunol, 2019, 93: 917-923.

[11] Finger S, Boller F, Tyler K L. Historical aspects of the major neurological vitamin deficiency disorders: the water-soluble B vitamins [J]. History of Neurology, 2009, 95: 445-476.

［12］Fu YS, Chen TH, Weng L, et al. Pharmacological properties and underlying mechanisms of curcumin and prospects in medicinal potential ［J］. Biomedicine & Pharmacotherapy, 2021, 141: 111888.

［13］Gauvin M C, Pillai S M, Reed S A, et al. Poor maternal nutrition during gestation in sheep alters prenatal muscle growth and development in offspring ［J］. Journal of Animal Science, 2020, 98 (1): skz388.

［14］Habibizad J, Riasi A, Kohram H, et al. Effect of long-term or short-term supplementation of high energy or high energy-protein diets on ovarian follicles and blood metabolites and hormones in ewes ［J］. Small Ruminant Research, 2015, 132: 37-43.

［15］He Z X, Wu D Q, Sun Z H, et al. Protein or energy restriction during late gestation alters fetal growth and visceral organ mass: An evidence of intrauterine programming in goats ［J］. Animal Reproduction Science, 2013, 137 (3): 177-182.

［16］Helen A, Rajasree C R, Krishnakumar K, et al. Antioxidant role of oils isolated from garlic (Allium sativum Linn) and onion (Allium cepa Linn) on nicotine-induced lipid peroxidation ［J］. Vet Hum Toxicol, 1999, 41 (5): 316-319.

［17］Hosseini A, Hosseinzadeh H. Antidotal or protective effects of Curcuma longa (turmeric) and its active ingredient, curcumin, against natural and chemical toxicities: A review ［J］. Biomed Pharmacother, 2018, 99: 411-421.

［18］Hristovska T, Cincović M, STOJANOVIĆ D, et al. Influence of niacin supplementation on the metabolic parameters and lipolysis in dairy cows during early lactation ［J］. Kafkas Univ Vet Fak Derg, 2017, 23 (5): 773-778.

［19］Huang R H, Qiu X S, Shi F X, et al. Effects of dietary allicin on health and growth performance of weanling piglets and reduction in attractiveness of faeces to flies ［J］. animal, 2011, 5 (2): 304-311.

［20］Jaguezeski A M, Gündel S S, Favarin F R, et al. Low-dose curcumin-loaded Eudragit L-100-nanocapsules in the diet of dairy sheep increases antioxidant levels and reduces lipid peroxidation in milk ［J］. J Food Biochem, 2019, 43 (8): e12942.

［21］Jiang Z, Wan Y, Li P, et al. Effect of Curcumin Supplement in Summer Diet on Blood Metabolites, Antioxidant Status, Immune Response, and Testicular Gene Expression in Hu Sheep ［J］. Animals (Basel), 2019, 9 (10).

［22］Knowlton K F, Dawson T E, Glenn B P, et al. Glucose Metabolism and Milk Yield of Cows Infused Abomasally or Ruminally with Starch1, 2 ［J］. Journal of Dairy Science, 1998, 81 (12): 3248-3258.

[23] Konjufca V H，Pesti G M，Bakalli R I. Modulation of cholesterol levels in broiler meat by dietary garlic and copper [J]. Poultry Science，1997，76 (9)：1264-1271.

[24] Kosior-Korzecka U，Bobowiec R. Changes in the Level of Endogenous Leptin，FSH，17β-Oestradiol and Metabolites during Lupin-induced Increase in Ovulation Rate in Ewes [J]. Journal of Veterinary Medicine Series A，2003，50 (7)：343-349.

[25] Lanska D J. The discovery of niacin，biotin，and pantothenic acid [J]. Annals of Nutrition and Metabolism，2012，61 (3)：246-253.

[26] Licini C，Tossetta G，Avellini C，et al. Analysis of cell-cell junctions in human amnion and chorionic plate affected by chorioamnionitis [J]. Histol Histopathol，2016，31 (7)：759-767.

[27] Liker B，Vranešić N，Grbesa D，et al. Blood metabolites and haematological indices of beef cattle fed rumen-protected methionine [J]. Acta Veterinaria，2006，56 (1)：3-15.

[28] Misciattelli L，Kristensen V F，Vestergaard M，et al. Milk Production，Nutrient Utilization，and Endocrine Responses to Increased Postruminal Lysine and Methionine Supply in Dairy Cows [J]. Journal of Dairy Science，2003，86 (1)：275-286.

[29] Morey S D，Mamedova L K，Anderson D E，et al. Effects of encapsulated niacin on metabolism and production of periparturient dairy cows [J]. Journal of Dairy Science，2011，94 (10)：5090-5104.

[30] Morsy T A，El-bordeny N E，Matloup O H，et al. Date press cake replaces corn grains in the diet of lactating Egyptian buffaloes and Barki rams [J]. Trop Anim Health Prod，2021，53 (2)：272.

[31] Nelson K M，Dahlin J L，Bisson J，et al. The Essential Medicinal Chemistry of Curcumin [J]. J Med Chem，2017，60 (5)：1620-1637.

[32] Noftsger S，St-pierre N R. Supplementation of methionine and selection of highly digestible rumen undegradable protein to improve nitrogen efficiency for milk production [J]. J Dairy Sci，2003，86 (3)：958-969.

[33] Pisulewski P M，Rulquin H，Peyraud J L，et al. Lactational and Systemic Responses of Dairy Cows to Postruminal Infusions of Increasing Amounts of Methionine [J]. Journal of Dairy Science，1996，79 (10)：1781-1791.

[34] Plaisance V，Perret V，Favre D，et al. Role of the transcriptional factor C/EBPbeta in free fatty acid-elicited beta-cell failure [J]. Mol Cell Endocrinol，2009，305 (1-2)：47-55.

[35] Pruekvimolphan S，Grummer R R. Lactation responses to sulfur-containing amino acids from feather meal or rumen-protected methionine [J]. J Dairy Sci，2001，84 (11)：2515-2522.

［36］Qi L, Jiang J, Zhang J, et al. Maternal curcumin supplementation ameliorates placental function and fetal growth in mice with intrauterine growth retardation† ［J］. Biology of Reproduction, 2020, 102（5）: 1090-1101.

［37］Redoy M R A, Shuvo A A S, Cheng L, et al. Effect of herbal supplementation on growth, immunity, rumen histology, serum antioxidants and meat quality of sheep ［J］. Animal, 2020, 14（11）: 2433-2441.

［38］Samolińska W, Grela E R, Kowalczuk-vasilev E, et al. Evaluation of garlic and dandelion supplementation on the growth performance, carcass traits, and fatty acid composition of growing-finishing pigs ［J］. Animal Feed Science and Technology, 2020, 259: 114316.

［39］Scaramuzzi R J, Campbell B K, Downing J A, et al. A review of the effects of supplementary nutrition in the ewe on the concentrations of reproductive and metabolic hormones and the mechanisms that regulate folliculogenesis and ovulation rate ［J］. Reproduction Nutrition Development, 2006, 46（4）: 339-354

［40］Somchit A, Campbell B K, Khalid M, et al. The effect of short-term nutritional supplementation of ewes with lupin grain（Lupinus luteus）, during the luteal phase of the estrous cycle on the number of ovarian follicles and the concentrations of hormones and glucose in plasma and follicular fluid ［J］. Theriogenology, 2007, 68（7）: 1037-1046.

［41］Tur I, Dínç D A, Semacan A. Protein based flushing related blood urea nitrogen effects on ovarian response, embryo recovery and embryo quality in superovulated ewes ［J］.Theriogenology, 2017, 98: 62-67.

［42］Valko M, Leibfritz D, Moncol J, et al. Free radicals and antioxidants in normal physiological functions and human disease ［J］. Int J Biochem Cell Biol, 2007, 39（1）: 44-84.

［43］Viñoles C, Forsberg M, Martin G B, et al. Short-term nutritional supplementation of ewes in low body condition affects follicle development due to an increase in glucose and metabolic hormones ［J］. Reproduction, 2005, 129（3）: 299-309

［44］Waggoner J W, Löest C A, Mathis C P, et al. Effects of rumen-protected methionine supplementation and bacterial lipopolysaccharide infusion on nitrogen metabolism and hormonal responses of growing beef steers ［J］.J Anim Sci, 2009, 87（2）: 681-92.

［45］Wang T, Niu K, Fan A, et al. Dietary intake of polyunsaturated fatty acids alleviates cognition deficits and depression-like behaviour via cannabinoid system in sleep deprivation rats ［J］.Behavioural Brain Research, 2020, 384: 112545.

［46］Wang Y Z, Xu C L, An Z H, et al. Effect of dietary bovine lactoferrin on performance and antioxidant status of piglets ［J］. Animal Feed Science and Technology, 2008, 140（3）:

326-336.

[47] Wang Y, Li L, Gou Z, et al. Effects of maternal and dietary vitamin A on growth performance, meat quality, antioxidant status, and immune function of offspring broilers [J]. Poult Sci, 2020, 99（8）: 3930-3940.

[48] Williams J E, Newell S A, Hess B W, et al. Influence of Rumen-Protected Methionine and Lysine on Growing Cattle Fed Forage and Corn Based Diets [J]. Journal of Production Agriculture, 1999, 12（4）: 696-701.

[49] Wright M D, Loerch S C. Effects of Rumen-Protected Amino Acids on Ruminant Nitrogen Balance, Plasma Amino Acid Concentrations and Performance [J]. Journal of Animal Science, 1988, 66（8）: 2014-2027.

[50] Ying S, Wang Z, Wang C, et al. Effect of different levels of short-term feed intake on folliculogenesis and follicular fluid and plasma concentrations of lactate dehydrogenase, glucose, and hormones in Hu sheep during the luteal phase [J]. Reproduction, 2011, 142（5）: 699.

[51] Yuan K, Shaver R D, Bertics S J, et al. Effect of rumen-protected niacin on lipid metabolism, oxidative stress, and performance of transition dairy cows [J]. Journal of Dairy Science, 2012, 95（5）: 2673-2679.

[52] Zielińska A, Alves H, Marques V, et al. Properties, Extraction Methods, and Delivery Systems for Curcumin as a Natural Source of Beneficial Health Effects [J]. Medicina（Kaunas）, 2020, 56（7）.

[53] 毕晓华, 张晓明. 过瘤胃保护蛋氨酸对奶牛氨基酸代谢和血液生化指标的影响 [J]. 饲料研究, 2014（21）: 48-53.

[54] 曹祥华, 王文芳. 胰岛素和胰高血糖素对血糖的调节及其相互作用 [J]. 生物学通报, 2014, 49（06）: 15-17.

[55] 陈常秀. 大蒜素对肉鸡主要营养物质代谢及其抗病性能的影响 [D]. 山东农业大学, 2005.

[56] 陈东, 李四元, 陈美庆, 等. 饲粮 2-羟基-4-（甲硫基）丁酸异丙酯添加水平对山羊生长性能、营养物质表观消化率及血清生化指标和激素水平的影响 [J]. 动物营养学报, 2018, 30（05）: 1854-1863.

[57] 陈文超, 师瑞红, 孔春艳, 等. 大蒜素的抗氧化功能及其应用 [J]. 河南医学高等专科学校学报, 2017, 29（04）: 411-413.

[58] 程立慧. 催情补饲对母羊血清生化指标及繁殖性能的影响 [D]. 山西农业大学, 2019.

[59] 崔志洁, 姜惺伟, 吴登科, 等. 过瘤胃烟酸和胆碱对围产期奶牛泌乳性能和肝脂质

代谢的影响 [J]. 畜牧兽医学报, 2022, 53 (03): 802-812.

[60] 狄建彬, 顾振纶, 赵笑东, 等. 姜黄素防治大鼠高脂性脂肪肝的研究 [J]. 中草药, 2010, 41 (08): 1322-1326.

[61] 丁亚芳, 何静, 杨静, 等. 总氧自由基清除能力法研究进展 [J]. 中药材, 2014, 37 (08): 1495-1499.

[62] 冯鹏, 吴宏达, 孟凡坤, 等. 外源生物制剂对玉米秸秆青贮质量及肉羊瘤胃降解率 的影响 [J]. 中国农业大学学报, 2022, 27 (01): 134-144.

[63] 高峰, 刘迎春, 张崇志, 等. 妊娠后期营养限饲对蒙古绵羊体贮动员及其胎儿生长 发育的影响 [J]. 动物营养学报, 2013, 25 (06): 1237-1242.

[64] 龚矗, 张彬, 张翼. 过瘤胃技术在奶牛生产中的应用与研究进展. [J]. 中国奶牛, 2015 (17): 15-20.

[65] 谷英, 斯登丹巴, 孙海洲, 等. 配种前后补饲对鄂尔多斯细毛羊生产性能及血清学 的影响 [J]. 畜牧与兽医, 2020, 52 (07): 28-33.

[66] 关恒发, 艾连扬, 唐仪崇, 等. 配种前后实行短期优饲对绵羊产羔率的影响 [J]. 黑 龙江畜牧兽医, 1988 (02): 18-20.

[67] 郭云霞. 黄体期短期优饲对绵羊卵泡发育影响及其调控机理 [D]. 河北农业大 学, 2018.

[68] 韩娜, 刘斌, 王美岭. 大蒜素对小鼠体内抗氧化酶的影响 [J]. 营养学报, 1992 (01): 107-108.

[69] 韩兆玉, 周国波, 金志红, 等. 过瘤胃蛋氨酸对热应激下奶牛生产性能、淋巴细胞凋 亡以及相关基因的影响 [J]. 动物营养学报, 2009, 21 (05): 665-672.

[70] 何家俊. 围产期奶山羊添加烟酰胺对羔羊生长发育、抗氧化和免疫功能的影响 [D]. 西北农林科技大学, 2018.

[71] 何平平, 欧阳新平, 唐艳艳, 等. 甘油三酯水平升高与动脉粥样硬化性心血管疾病 的关系的研究新进展 [J]. 中国动脉硬化杂志, 2013, 21 (10): 951-954.

[72] 贺建忠, 陆志海, 王城江. 大蒜素对卡拉库尔羊日增重的影响 [J]. 畜牧兽医科技信 息, 2008 (05): 28.

[73] 胡忠泽, 金光明, 王立克, 等. 姜黄素对肉鸡生产性能和免疫机能的影响 [J]. 粮食 与饲料工业, 2004 (10): 44-45.

[74] 蒋亚军, 周凌云, 赵芸君, 等. 烟酸在反刍动物营养中的研究进展 [J]. 中国畜牧兽 医, 2010, 37 (07): 9-14.

[75] 蒋亚军. 烟酸、核黄素对奶牛生产性能、抗氧化能力和免疫力的影响 [D]. 石河子 大学, 2011.

［76］焦淑贤，王瑞祥，蔡正华，等．枫泾和长白母猪发情期促卵泡素、促黄体素含量动态变化研究［J］.中国农业科学，1992（06）：80-85.

［77］井明艳，孙建义，赵树盛，等．沙葱、地椒和大蒜素对绵羊体增重效果的影响［J］.饲料研究，2004（08）：4-6.

［78］康晓龙，张英杰，刘月琴，等．不同能量水平对母羊繁殖性能的影响［J］.中国畜牧杂志，2007（21）：37-39.

［79］李光梅，马文林，杨生龙，等．复合微生态制剂对青海细毛羊血清生化、免疫和抗氧化指标的影响［J］.黑龙江畜牧兽医，2021（02）：98-101+106.

［80］李海霞，杨美英，吴文海，等．过瘤胃蛋氨酸对黔北麻羊生长性能、养分表观消化率、血浆生化指标及瘤胃发酵的影响［J］.动物营养学报，2019，31（06）：2933-2940.

［81］李蒋伟，侯生珍，王志有．日粮中添加蛋白酶对欧拉型藏羔羊生产性能的影响［J］.饲料研究，2020，43（05）：12-14.

［82］李培佳，侯冬强，赵红霞，等．饲料添加 L-精氨酸或 N-氨甲酰谷氨酸对杂交鳢生长性能、血浆生化指标、肠道功能及抗氧化能力的影响［J］.动物营养学报，2022，34（08）：5304-5312.

［83］李徐延．过瘤胃脂肪和过瘤胃葡萄糖对奶牛生产性能和能量代谢的影响［D］.黑龙江八一农垦大学，2009.

［84］李妍，薛倩，高艳霞，等．瘤胃保护葡萄糖对围产后期荷斯坦奶牛生产性能及血清生化指标的影响［J］.畜牧兽医学报，2016，47（01）：113-119.

［85］李彦利．妊娠后期营养限制对蒙古绵羊肝脏脂类代谢、抗氧化能力和急性期蛋白合成的影响［D］.内蒙古农业大学，2017.

［86］李义，童津津，栗明月，等．竹叶提取物对热应激奶牛泌乳性能及血清生化、抗氧化和免疫指标的影响［J］.动物营养学报，2021，33（02）：900-912.

［87］李正亮，焦三忠，张敏，等．母羊泌乳期饲养管理技术［J］.农村新技术，2022（03）：27-29.

［88］廖荣荣，吕玉华，丁宏林，等．不同养殖模式对崇明白山羊生长及肉质性状的影响［J］.上海农业学报，2017，33（04）：103-106.

［89］刘恩民，卢增奎，乐祥鹏．我国养羊业现状及未来发展思考［J］.中国畜牧业，2018（09）：34-35.

［90］刘浩，崔美芝，董娟．大蒜素抗氧化延缓衰老作用的实验研究［J］.中国老年学杂志，2006（02）：252-253.

［91］刘辉，邓荣臻，李寰旭．过瘤胃技术研究进展［C］//中国畜牧业协会，晋中市人民

政府．第十三届（2018）中国牛业发展大会论文集．《中国牛业科学》编辑部，2018：124-129.

[92] 刘敏．大蒜素对绵羊瘤胃发酵、血清生化指标和对奶牛生产性能的影响 [D]．新疆农业大学，2012.

[93] 龙凡，梅文亮，许兰娇，等．烟酸的生物学功能及其在畜禽生产中的应用 [J]．动物营养学报，2022，34（07）：4143-4154.

[94] 芦娜，邱静芸，应志雄，等．日粮添加不同水平姜黄素对断奶仔猪生产性能、消化率和血液指标的影响 [J]．家畜生态学报，2017，38（01）：30-35.

[95] 伦志国．过瘤胃葡萄糖在奶牛生产中应用的研究进展 [J]．饲料广角，2017（05）：39-41.

[96] 马婷婷．N-羟甲基蛋氨酸钙水平对泌乳期奶牛瘤胃发酵、生产性能及血清生化指标的影响 [D]．扬州大学，2016.

[97] 牛明强，成述儒，王文义，等．不同蛋白质源饲粮对肉羊生长发育、屠宰性能以及经济效益的影响 [J]．动物营养学报，2021，33（09）：5119-5130.

[98] 欧阳克蕙，鲁友友，瞿明仁，等．烟酸对高精料饲粮肥育肉牛生长性能及血清生化指标的影响 [J]．动物营养学报，2012，24（09）：1764-1769.

[99] 蒲仕文，杨燕，茹先古丽·买买提依明，等．大蒜素对小尾寒羊生长性能、血清免疫指标、抗氧化指标及瘤胃发酵参数的影响 [J]．饲料研究，2022，45（03）：1-6.

[100] 史金平，李秀琴，马武，等．应急饲料对甘肃高山细毛羊泌乳母羊生长性能、血液生化指标和瘤胃内环境的影响 [J]．饲料工业，2020，41（01）：52-59.

[101] 苏布森，巴·其其克，解立松．肉羊两年三产繁育管理模式介绍 [J]．湖北畜牧兽医，2016，37（07）：38-39.

[102] 孙华，张晓明，王欣，等．过瘤胃保护蛋氨酸对奶牛生产性能的影响及经济效益分析 [J]．中国奶牛，2010（11）：7-11.

[103] 田亚强．游离脂肪酸对大鼠血压和心功能的影响及机制研究 [D]．山东大学，2011.

[104] 汪源泉．益生菌发酵豆秸对肉羊生产性能及血清中生化指标的影响 [J]．中国饲料，2019（23）：102-104.

[105] 王波，柴建民，王海超，等．蛋白水平对早期断奶双胞胎湖羊公羔营养物质消化与血清指标的影响 [J]．畜牧兽医学报，2016，47（06）：1170-1179.

[106] 王春华．浅谈大蒜用作饲料添加剂的应用 [J]．江西饲料，2013（01）：19-20.

[107] 王慧媛，张英杰，刘月琴，等．日粮添加过瘤胃蛋氨酸对肉羊生产性能及营养物质消化率的研究 [J]．饲料工业，2014，35（03）：51-54.

[108] 王舒然，陈炳卿，孙长颢．姜黄素对大鼠调节血脂及抗氧化作用的研究［J］．卫生研究，2000（04）：240-242.

[109] 王文奇，侯广田，罗永明，等．不同精粗比全混合颗粒饲粮对母羊营养物质表观消化率、氮代谢和能量代谢的影响［J］．动物营养学报，2014，26（11）：3316-3324.

[110] 王永康，胡绪华，李海涛，等．补饲过瘤胃蛋氨酸提高奶牛生产性能的试验［J］．乳业科学与技术，2005（01）：33-35.

[111] 吴春昊．大蒜素对鲟鱼生长性能、体成分及肌肉品质的影响［J］．中国饲料，2021（10）：62-65.

[112] 吴爽，周玉香，贾柔，等．饲用酶制剂在反刍动物生产中的应用概况［J］．动物营养学报，2020，32（07）：3005-3011.

[113] 武剑霞．不同营养水平的母羊对羔羊初生重及成活率的影响［J］．畜牧兽医杂志，2011，30（05）：97+99.

[114] 夏成．奶牛酮病、脂肪肝糖异生和脂肪动员的神经内分泌调控机制［D］．吉林大学，2005.

[115] 肖士元，孙景财，蒋卫秋．配种前后对转群母羊实行短期优饲的效果观察［J］．黑龙江畜牧兽医，1989（03）：14-15.

[116] 熊春梅，张力，周学辉，等．保护性蛋氨酸对中国荷斯坦奶牛血浆代谢产物及生产性能的影响［J］．甘肃农业大学学报，2004（04）：394-398.

[117] 许国洋，付利芝，徐登峰，等．不同添加剂对妊娠母羊和初生羔羊的影响［C］//中国畜牧兽医学会动物福利与健康养殖分会，山东畜牧兽医学会畜禽健康养殖与福利学分会．中国畜牧兽医学会动物福利与健康养殖分会第四次全国学术研讨会论文集．中国畜牧兽医学会动物福利与健康养殖分会第四次全国学术研讨会论文集，2020：62.

[118] 薛海鹏．姜黄素衍生物的合成及其生物活性研究［D］．中南林业科技大学，2010.

[119] 荀文娟，周汉林，侯冠彧，等．姜黄素对早期断奶仔猪回肠黏膜形态、紧密连接蛋白和炎性因子基因表达以及血清免疫球蛋白水平的影响［J］．动物营养学报，2016，28（03）：826-833.

[120] 闫慧英，张杰梅，乔晓君．姜和蒜抑制活性氧作用的研究［J］．包头医学院学报，1997（01）：10-12.

[121] 燕磊．瘤胃保护性蛋氨酸对小尾寒羊氨基酸代谢影响的研究［D］．山东农业大学，2005.

[122] 杨媚，马杰，邓圣庭，等．饲粮油脂和脂肪酶添加水平对热应激肉鸡生长性能和血清生化指标的影响［J］．动物营养学报，2020，32（01）：160-168.

[123] 杨旭，路春梅，范春燕，等. 妊娠期糖尿病游离脂肪酸与血糖及血脂代谢的关系 [J]. 中国实验诊断学，2021，25（12）：1812-1814.

[124] 叶慧，冯凯玲，邓远帆，等. 不同饲粮蛋氨酸水平对 21 日龄狮头鹅血清生化指标及抗氧化功能的影响 [J]. 中国畜牧杂志，2013，49（13）：43-46.

[125] 殷雨洋，郭良勇，李玉峰. 论述湖羊妊娠后期科学补饲的重要性 [J]. 中国畜禽种业，2018，14（12）：69-70.

[126] 袁华根，陈娟，徐骏，等. 采食量及营养物质消化率对猪生长性能影响综述 [J]. 江西农业学报，2007（05）：116-118.

[127] 岳红艳. 饲养水平对肉用绵羊妊娠期消化代谢的影响 [J]. 中国畜禽种业，2020，16（09）：99.

[128] 扎木嘎. 不同营养水平日粮对母羊繁殖性能影响的研究 [D]. 内蒙古农业大学，2016.

[129] 张宝彤，张波，萧培珍，等. 姜黄素对罗非鱼生长性能、血清生化指标及肠道组织形态的影响 [J]. 中国饲料，2014（02）：34-37.

[130] 张帆，崔凯，王杰，等. 妊娠后期饲粮营养水平对母羊和胚胎发育的影响 [J]. 畜牧兽医学报，2017，48（03）：474-482.

[131] 张帆，刁其玉. 能量对妊娠后期母羊健康及其羔羊的影响 [J]. 中国畜牧兽医，2017，44（05）：1369-1374.

[132] 张帆. 妊娠后期母羊精料饲喂水平对母羊和产后羔羊发育的影响 [D]. 中国农业科学院，2017.

[133] 张克烽，张子平，陈芸等. 动物抗氧化系统中主要抗氧化酶基因的研究进展 [J]. 动物学杂志，2007（02）：153-160.

[134] 张成喜，刘吉山，孙国强. 过瘤胃蛋氨酸对奶牛血液生化指标和养分消化率的影响 [J]. 中国饲料，2017（16）：20-23.

[135] 张紫奇，贾建磊，张利平，等. 妊娠后期日粮能量水平对高海拔地区湖羊繁殖性能及初生羔羊体况的影响 [J]. 饲料工业，2019，40（17）：47-51.

[136] 赵春萍，荀文娟，侯冠彧，等. 姜黄素对大肠杆菌攻毒仔猪生长性能和抗氧化性能的影响 [J]. 家畜生态学报，2015，36（07）：24-27.

[137] 赵健康，杨开伦，张琦智，等. 大蒜素对生长期湖羊增重和腹泻率的影响 [J]. 黑龙江畜牧兽医，2016（12）：154-155+158.

[138] 赵术帆，张晓明，咸玉龙，等. 过瘤胃保护烟酸对奶牛生产性能的影响及经济效益分析 [J]. 中国奶牛，2012（11）：10-15.

[139] 赵永玉. 过瘤胃蛋氨酸添加水平对断奶羔羊生长性能、营养物质表观消化率和血液

生化指标的影响 [J]. 中国饲料，2018（16）：37-41.

[140] 周明，张靖，申书婷，等. 姜黄素在育肥猪中应用效果的研究 [J]. 中国粮油学报，2014，29（03）：67-73.

[141] 周玉香，吕玉玲，王洁，等. 血液生化指标在动物生产与营养调控研究中的应用概况 [J]. 畜牧与饲料科学，2012，33（Z1）：72-74.

第4章

母羊产后羔羊的营养调控研究

4.1 营养性饲料添加剂过瘤胃蛋氨酸在羔羊日粮中的应用研究

4.1.1.1 过瘤胃蛋氨酸在动物生产中的应用情况

我国养羊业源远流长，早在夏商时期即有文字记载，至今已成为畜牧业中不可或缺的重要支柱，为人类提供了丰富的肉、奶、纺织原料及皮革等。改革开放以来，我国养羊业在政策的扶持与市场的推动下，不断壮大，无论是存栏量还是出栏量都展现出强大的竞争力。在养羊生产过程中，羔羊育肥是一个核心环节。研究表明，羔羊育肥的效果远超成年羊，其生长发育的速度虽然迅猛，但消化系统尚未发育完全，因此，如何科学地调配饲料，满足其营养需求，是提升羔羊生产效率的关键。

饲料作为畜牧业发展的物质基础，其中的蛋白质饲料尤为关键。蛋白质饲料可分为植物性和动物性两类，而在养羊业中，植物性蛋白饲料因其均衡的氨基酸比例和高效的营养价值而备受青睐。然而，随着我国畜牧业的迅猛发展，植物蛋白饲料的短缺问题日益凸显。近年来，尽管我国进口了大量的植物性蛋白饲料，但这也导致了外汇的流失。此外，受市场、政策等多重因素影响，玉米、豆粕等主要饲料原料的价格不断攀升，使得饲料成本剧增。为了应对这一挑战，畜牧业开始寻求非传统饲料原料的替代方案，但这也可能导致饲料消化利用率的降低。

值得一提的是，蛋白质是动物生长的必需品，日粮中蛋白质的不足会直接导致动物生长受阻、生产性能下降等问题。因此，如何在保障动物营养需求的同时，降低饲料成本，提高饲料利用效率，成为了畜牧业面临的重要课题。随着对羊饲料中蛋白类添加剂的深入研究，未来有望为这一难题找到解决方案，从而推动养羊业的持续健康发展。蛋氨酸，作为一种必需氨基酸，对于动物的生长发育至关重要。它不仅是合成体内蛋白质的基础，还能增强生长性能、提升机体免疫力，从而改善整体健康状况。蛋氨酸的独特之处在于其能够降低饲料酸度，保护动物的胃肠系统免受损害。同时，它还具有抑制细菌生长和毒素形成的能力，有效防控饲料中的霉菌污染。值得注意的是，蛋氨酸无法在动物体内自然合成，必须通过饲料摄取。对于反刍动物如羊而言，其饲料中的营养物质在瘤胃中部分会被微生物分解并合成菌体蛋白，这些蛋白随后进入真胃和小肠被吸收。然而，这一过程会降低饲料的利用效率。鉴于反刍家畜瘤胃的这种特殊作用，日粮中蛋氨酸的加入对其影响较小。因此，如何提升蛋氨酸在反刍动物体内的吸收、利用及代谢效率已成为营养学界的关注焦点。为此，研究人员提出了过瘤胃蛋氨酸的概念，旨在通过特定的加工方式，防止或降低蛋氨酸在瘤胃中的降解，使其直接进入肠道进行消化和吸收。

尽管过瘤胃蛋氨酸在反刍动物上的研究已有一定进展，但主要集中在奶牛和绵羊上，对于羔羊的应用研究仍相对较少。已有研究表明，在羔羊的日粮中添加过瘤胃蛋氨酸可以明显增加其日进食量和体重。例如，斯钦等在内蒙古地区的细毛山羊试验中，发现添加过瘤胃蛋氨酸对提升羔羊的生长性能和日增重具有积极作用。王萌等的试验也显示，过瘤胃蛋氨酸能显著改善羔羊的体重、消化代谢以及血液生化指标。综上所述，将过瘤胃蛋氨酸作为饲料添加剂，不仅能提高动物对饲料的利用率，降低生产成本，还能显著提升动物的生产性能。本研究旨在深入探讨在羔羊日粮中添加过瘤胃蛋氨酸对其生长性能、表观消化代谢率和血液生化指标的影响，以期为羔羊育肥生产中过瘤胃蛋氨酸的合理使用提供理论依据，进一步提高饲料利用效率，并为我国羔羊育肥生产的发展提供有力支持。

4.1.1.2 试验材料与方法

（1）试验材料、试验设计与饲养管理　挑选了 30 只本地健康、体重相近的羔羊，并分为三组：对照组（CON）、过瘤胃蛋氨酸 1 组（0.1%）和过瘤胃蛋氨酸 2 组（0.2%）。过瘤胃蛋氨酸的纯度 85%。试验过程中，安排专人负责饲养管理，确保试验环境的卫生和羊只的健康。羊舍、料槽和水槽经过严格的消毒，并每日清洁，以确保试验的准确性。严格称重并收集粪便，详细记录日常饲料消耗和羊只的健康状况。饲喂方面，试验组和对照组的羔羊在每日的 6：00 和 18：00 定时定量饲喂相应的日粮，同时确保它们可以自由饮水。试验日粮主要由玉米秸、干苜蓿、玉米和豆粕组成，旨在满足羔羊的基本营养需求（表 4-1）。期望能够更准确地了解过瘤胃蛋氨酸对羔羊生长性能的影响，从而为羔羊育肥提供更为科学、合理的饲养建议。

表 4-1　基础饲粮组成及营养水平（风干基础）

原料	含量/%	营养水平	含量/%
玉米秸	15.0	代谢能	12.0
干苜蓿	30.0	粗蛋白	14.57
玉米	32.7	粗纤维	15.24
麸皮	6.0	磷	0.56
豆粕	14.0	钙	0.87
石粉	0.6		
磷酸氢钙	0.7		
预混料	1.0		
合计	100.0		

（2）样品采集及指标测定

① 羔羊增重测定。在试验第一天和最后一天进行称重，作为羊的初始和最终体重。平均日增重计算公式：平均日增重（g/d）＝（最终体重－初始体重)/试验天数。

② 血液生化指标测定。试验结束后，晨饲之前，每组随机抽取 5 只羔羊，颈部取血 10 mL，离心，取上层的血清，放入 －20 ℃的冷冻室中储存，待用。总蛋白，甘油三酯，血糖，尿素氮，使用 ELISA 试剂盒进行检测，检测方法根据该试剂盒中的说明进行，采用全自动生化分析仪进行。

③ 消化率的测定。使用全收粪法，每天取粪，储存在塑料瓶中，并在每 100 g 新鲜粪便中加入 10 mL 10%的硫酸，储存在 －20 ℃的冰箱中。按国标法分

析饲料和粪便中的干物质、粗蛋白、粗脂肪、粗灰分指标。

（3）数据处理　使用 EXCEL 软件对原始数据进行整理，应用 SPSS 26.0 统计软件中的单因素方差分析，对所有实验数据进行方差分析。结果以平均数±标准差表示，$P > 0.05$ 表示差异不显著，$P < 0.05$ 表示差异显著。

4.1.1.3　过瘤胃蛋氨酸改善羔羊生长性能

与对照相比，饲料中加入过瘤胃蛋氨酸后对羔羊体重的影响不大。但与对照组比较，过瘤胃蛋氨酸添加 1 组（0.2%）和过瘤胃蛋氨酸添加 2 组（0.4%）的日增重则显著增加，改善了羔羊的日增重（表 4-2）。

表 4-2　日粮中添加过瘤胃蛋氨酸对羔羊体重的影响

项目	对照	0.2%组	0.4%组
初重/kg	19.25±1.83	19.07±1.32	19.69±2.07
末重/kg	24.02±3.65	25.73±2.18	25.67±2.48
日增重/g	150.70±14.63[a]	189.63±17.61[b]	186.26±16.85[b]

饲料中加入过瘤胃蛋氨酸后，过瘤胃蛋氨酸 1 组（0.2%）和过瘤胃蛋氨酸 2 组（0.4%）羔羊的干物质和蛋白质的消化率均有较大幅度的提高；与对照组比较，试验组粗脂肪和 NDF 的消化率变化不显著（表 4-3）。

表 4-3　日粮中添加过瘤胃蛋氨酸对羔羊营养物质消化率的影响

项目	对照组/%	瘤胃蛋氨酸 1 组/%	过瘤胃蛋氨酸 2 组/%
干物质	70.24±5.73[a]	77.43±6.68[b]	76.09±7.19[b]
粗蛋白	69.17±5.98[a]	76.64±3.80[b]	75.93±6.01[b]
粗脂肪	60.72±7.16	59.96±5.18	60.46±7.14
NDF	56.78±5.44	57.90±4.02	56.49±2.86

在羔羊生产育肥中，羔羊的生长速度是羊生长性能的重要指标之一，所以过瘤胃蛋氨酸对羔羊体重的影响十分重要。张艳梅等在羔羊日粮中添加过瘤胃蛋氨酸的研究指出，添加过瘤胃蛋氨酸后羔羊的体增重和饲料转化率有所增加但并无显著变化，其结论与本试验相似。Obeidatbs 等的研究发现在羊饲料中添加不同梯度的过瘤胃蛋氨酸，虽各组间无显著差异，但添加过瘤胃蛋氨酸组相比对照组

肉羊体重增加，且得出肉羊增重效果最佳量为添加 2g/d 过瘤胃蛋氨酸。不同试验的过瘤胃蛋氨酸最适添加剂量不同可能与使用的试验日粮组成、试验动物品种、动物年龄等因素有关。在实际养殖生产中，应根据具体试验情况确定过瘤胃蛋氨酸的最适添加量。过瘤胃蛋氨酸能够提高羊的生长性能，可能与其促进小肠对营养物质的消化吸收有关。但日粮中过量的过瘤胃蛋氨酸会导致小肠内氨基酸的紊乱，不利于饲料中营养物质的消化吸收。所以控制好喂食量很重要。在本实验中，实验组羔羊比对照组羔羊日增重有了显著增长，这与燕磊等的研究结果一致，其中的数据明确表明，在日粮中添加过瘤胃蛋氨酸后，羔羊的育肥效果有一定提高。本实验组和对照组羔羊的体重虽然差异不显著，但有一定的增长趋势，这与王菲等的实验结果一致。本实验结果说明，日粮中添加过瘤胃蛋氨酸对于提高羔羊的日增重具有促进作用。

蛋氨酸作为机体生长过程中蛋白质合成的主要限制性氨基酸，对提高动物生长性能和饲粮养分消化吸收具有重要作用。在日粮中，表观消化率是反映营养吸收和动物健康的一个关键参数，与饲料原料的成分、营养状况和膳食纤维含量有关。在本实验中实验组和对照组羔羊的粗脂肪、中性洗涤纤维（NDF）含量都有一定程度的提升，但差异不显著。毕晓华等的研究表明，与对照组相比，试验组在加入过瘤胃蛋氨酸后，粗蛋白表观代谢率、干物质表观代谢率等的指标都有增加的趋势。本实验过瘤胃蛋氨酸添加 1 组（0.2%）和过瘤胃蛋氨酸添加 2 组（0.4%）的干物质含量与过瘤胃蛋氨酸添加 2 组（0.4%）的粗蛋白含量和对照组相比都有显著提升，这与李国栋等的研究结果相一致。推测可能是由于在饲料中添加了蛋氨酸，可以提高羊的消化率，其机制可能是过瘤胃蛋氨酸不易被水解，在真胃和小肠中被高效吸收和利用，避免被瘤胃上皮细胞吸收和降解。综上，在日粮中添加过瘤胃蛋氨酸可以通过提高日粮中养分的消化率来提高动物的日增重和饲料的利用率从而提高经济效益。

4.1.1.4 过瘤胃蛋氨酸改善羔羊血液生化指标

在羔羊的日粮中添加过瘤胃蛋氨酸的试验组血液生化指标含量与对照组相比，过瘤胃蛋氨酸添加 1 组（0.2%）和过瘤胃蛋氨酸添加 2 组（0.4%）的总蛋白含量和尿素氮含量显著升高，而羔羊的血液中甘油三酯和血糖的含量则差异不显著（表 4-4）。

表 4-4　日粮中添加过瘤胃蛋氨酸对羔羊血液生化指标的影响

项目	对照组	0.2%组	0.4%组
总蛋白/(g/L)	74.19±6.48[a]	79.86±4.62[b]	79.24±5.44[b]
甘油三酯/(mmol/L)	1.68±0.05	1.61±0.13	1.69±0.17
血糖/(mmol/L)	2.79±0.06	2.81±0.17	2.73±0.09
尿素氮/(mmol/L)	2.24±0.04[a]	1.91±0.02[b]	1.85±0.03[b]

　　动物血液中的各项指标间接反映动物的健康状态。在本实验中试验组和对照组羔羊血液中总蛋白和尿素氮的含量均有一定程度的提升，但差异不显著，这与周玉香等人的实验结果相似。血液中的总蛋白、清蛋白和球蛋白能够反映出动物对蛋白质的消化吸收程度，同时还能够维持机体胶体渗透压，在蛋白质的含量增加的时候，机体免疫力也会随之提升，进而强化机体的营养健康状况，提高动物体抵御外部不良环境影响的能力。所以，将过瘤胃蛋氨酸添加到日粮中，对蛋白质的合成有较好的促进作用。赵永玉的实验结果表明羔羊日粮中添加一定量的过瘤胃蛋氨酸显著提高羊血液总蛋白含量，降低尿素氮含量，对白蛋白、血糖和甘油三酯含量无显著影响，说明添加过瘤胃蛋氨酸能够促进动物机体对蛋白的消化吸收，提高肉羊的体质量。燕磊等研究发现，添加一定量过瘤胃蛋氨酸能够显著提高断奶羔羊血液总蛋白和血糖的含量，降低尿素氮含量。蛋氨酸有提高奶牛血液总蛋白、白蛋白、血糖含量的趋势。王杰等研究发现，添加瘤胃保护性蛋氨酸可以降低血浆尿素氮的浓度，但过多的瘤胃保护性蛋氨酸反而会增加血浆尿素氮含量。本试验得到类似的试验结果。研究结果表明，降低饲粮中蛋氨酸水平对肉羊血液生化指标无显著影响。李向龙等的研究表明，饲粮蛋氨酸添加水平对羊驼血清甘油三酯、总蛋白含量无显著影响，但血液尿素氮有降低的趋势。温超等的研究表明，奶牛饲粮添加蛋氨酸有提高其血液总蛋白、白蛋白、甘油三酯含量的趋势。本试验结果表明，对于幼龄反刍动物，饲粮中添加过瘤胃蛋氨酸可以显著增加血糖、总蛋白的含量，这可能与改善胃肠道功能有关。

　　日粮中添加过瘤胃蛋氨酸可以显著提升羔羊的日增重，增加羔羊消化率，对血液生化指标有一定影响，可促进营养物质的消化与吸收，提升饲料利用率，有利于经济效益的提高。

4.2 非营养性饲料添加剂复合消化酶在羔羊日粮中的应用研究

4.2.1.1 添加复合消化酶在饲料中的利用情况

在过去的几十年中，我国养羊业的发展速度较快，养羊业的规模不断扩大，但同时也面临着一系列的问题。自 2021 年下半年以来，饲料配方中主要原料玉米和豆粕等受市场和政策等多种因素影响价格逐步上涨，造成饲料成本飙升，使得非常规原料如小麦、大麦、稻谷、高粱及其杂粕的用量一定程度上有所增加，进一步导致饲料消化率降低。饲用酶制剂的合理选择和使用，可以保证因原料更换带来的利用率的不确定性，降低饲料成本，提高动物生产性能，达到降本增效的目的。家禽和牲畜饲料中使用的营养素可由各种大分子分解成更小的分子，这些小分子在消化道中各种酶的影响下很容易被吸收和利用。酶制剂作为饲料添加剂具有无残留、安全有效等优点。目前，我国饲料添加剂行业仍然以饲料添加剂产品的生产为主，而在生产过程中缺乏有效的质量控制手段和检测手段，产品质量无法保证。

根据酶的成分不同，可将酶制剂划分为单一酶类和复合酶类两大类。其中，单一酶类仅有一种酶，是一种常见的饲用酶类；复合酶类含有多种酶，包括畜禽消化道不能合成的外源性酶，因此比单纯的酶类具有更好的作用。其中，酶制剂是近年来国内外研究较多的热点之一，主要包括蛋白酶、脂肪酶、淀粉酶、纤维素酶和果胶酶等。酶制剂具有改善饲料营养价值和提高动物生产性能的作用，其在畜牧业中的应用已有很多研究报道，且取得了良好效果。酶制剂是一类能催化蛋白质水解或微生物发酵所产生的酶类物质的统称。酶制剂具有很多优点：酶制剂是一类具有特定功能的生物催化剂，通过酶的催化作用可以使饲料中难以消化吸收或降解、消化率低的部分蛋白质转化成可利用的形式；酶制剂可利用微生物发酵产生营养物质，添加到饲料中，能增加饲料的利用率；酶制剂对家畜的生长发育和繁殖有一定的促进作用；其体系与机制均有特殊性。复合酶制剂在多种酶的作用下，可以对饲料中的多种营养成分进行分解，从而加快动物对营养物质的吸收，避免饲料组成被破坏，从而提升饲料的营养价值。酶广泛存在于生物体中，并参与了许多有机体的生理活动，例如可以水解微生物的细胞壁的水解酶，它是一类可以分解并杀死微生物的细胞壁的复合酶。饲料中添加复合酶制剂是一种有效改善畜禽生产性能的方法,其具有提高饲料利用率、促进畜禽生长、降低生产成本、改善环境等功效。因此,在饲料中添加复合酶制剂是提高畜禽生产性能,改善产品品质的重要手段。

本试验主要探讨了复合酶制剂在羔羊生产性能中的作用。复合酶制剂是一种以不同种类的酶为原料,通过不同种类的酶,按照特定的比例组合而形成的一种具有特定功效的蛋白。复合酶制剂由多种消化酶组成,可以促进饲料中营养成分的分解和吸收,提高饲料的利用率。羊肉是我国重要的肉类产品之一,如何提高羊的生产性能对于羊肉产业的发展具有重要的意义。在畜禽养殖业中,复合酶类的开发利用也受到了人们的高度重视。因为复合酶能够在动物的消化道中起到十分关键的作用,将复合酶制剂加入到饲料中,能够使羔羊更好地吸收养分,进而提升饲料的利用率,促进羔羊的生长发育,提升其生产效益。作为一种新型的、高效的、安全的饲料添加剂,复合酶制剂可以提高饲料利用率,在降低生产成本,改善家畜的生产性能,以及保护生态环境等方面都具有十分重要的意义。在畜牧业中广泛应用复合酶制剂,可以弥补内源性消化酶的不足,提高营养物质的消化率,调节机体代谢平衡,降低发病率。许多研究表明,添加复合酶制剂可以消除饲料中抗营养物质的有害作用,提高动物的生产效率,降低动物排泄物中的氮、磷含量,对降低饲料成本,提高动物免疫力,提高家畜的健康水平具有重要意义。复合饲料酶制剂能够有效地改善家畜体内的消化酶缺乏、分解饲料中的抗营养因素、保持家畜胃肠菌群的稳态,从而提升家畜对饲料的利用率,改善家畜的生产性能,并具有较好的环保效果。目前,复合酶制剂广泛应用于单胃动物的日粮中,添加外源酶可提高单胃动物的养分利用率和生产力,复合酶制剂在反刍动物的日粮中比较少用。由于对日粮中酶制剂的研究多集中在胃肠道微生物及动物体内的消化代谢方面,而对日粮中不同来源的复合酶制剂对反刍动物生产性能的影响以及其作用机理等方面的研究还不够深入。复合酶制剂可以有效提高羊只的生产性能,有助于提高饲料利用率和生产效益,但是需要注意的是,不同类型、不同配比的复合酶制剂对羊只的效果不同。所以,要针对不同的品种,不同的生长阶段,不同的环境,选用不同的复合酶,才能获得最优的效果。

4.2.1.2　试验材料与方法

(1) 试验材料、试验设计与饲养管理　选取 30 只体重相近、健康的 4 月龄羔羊作为试验对象,将其分成 3 个组,每组 10 只,分别为对照 (CON)、复合酶制剂 1 组（0.1%）和复合酶制剂 2 组（0.2%）（在对照饲料中加入复合酶制剂）。分隔圈舍并进行严格消毒，每组一栏饲喂，羊舍、料槽及水槽应每日清洁，严格称重、收集粪便，并将日常饲料消耗及健康情况详细记录。试验过程中，自由采食、自由饮水，每日 6：00、18：00 定时定量饲喂相应的日粮。复合酶组分及比例为蛋白酶：脂肪酶：淀粉酶：纤维素酶＝1：1：1：1，淀粉酶活力 2000 U/g、蛋白酶活力 20000 U/g、脂肪酶活力 50000 U/g、纤维素酶活力 10000 U/g。酶制剂组在基础日粮的基础上分别添加 0.1% 的复合酶制剂和 0.2% 的复合酶制剂，并与之充分混合使用。试验饲料以玉米秸、干苜蓿、玉米为主，外加少量麸皮、豆粉为辅料。基础日粮组成及营养水平见表 4-5。

表 4-5　基础日粮组成及营养水平（风干基础）

原料	含量/%	营养水平	含量/%
玉米秸	15.0	代谢能	12.0
干苜蓿	30.0	粗蛋白	14.57
玉米	32.7	粗纤维	15.24
麸皮	6.0	磷	0.56
豆粕	14.0	钙	0.87
石粉	0.6		
磷酸氢钙	0.7		
预混料	1.0		
合计	100.0		

（2）样品采集及指标测定

① 体重和日增重测定。采用试验的第一天和最后一天的测量值作为测试羔羊的始重和末重。平均日增重值计算公式：日增重（g/d）＝（末重－始重)/试验天数。

② 营养物质表观消化率的测定。使用全收粪的采集方法，每天 3 次，每次采取每只羔羊所产粪便总重量的 10%，并将其存储在一个塑料瓶中，并以每 100 g 新鲜粪便添加 10 mL 的 10% 的硫酸进行混合。在对粪样进行采集的时候，还需要对羔羊采食的日粮样本进行采样，将采集的粪样和日粮样本分成一组，并将其放在 −20 ℃ 的冰箱中进行保存。

③ 血清指标的测定。在试验结束后的晨饲之前，每组随机抽取 5 只羔羊，在前腔静脉采集 10 mL 的血液。将采好的血液于 4 ℃ 冰盒中放置 1 h 迅速送回试验

室，将血浆在离心机上以 3000 r/min 的速度进行 10 分钟的离心，将血浆倒出，计数后放入冰箱中。血清总蛋白、甘油三酯、血糖、尿素氮均使用自动生化机进行检测。

（3）数据分析　使用 EXCEL 软件对原始数据进行整理，应用 SPSS 26.0 统计软件中的单因素方差分析，对所有试验数据进行方差分析。结果以平均数±标准差表示，$P>0.05$ 表示差异不显著，$P<0.05$ 表示差异显著。

4.2.1.3　复合酶制剂对羔羊体重的影响

日粮中加入复合酶后，试验组与对照组相比，其体重增加，差异不显著。试验组羔羊的日增重与对照组比较，复合酶制剂添加 1 组（0.1%）和复合酶制剂添加 2 组（0.2%）的羔羊日增重显著增加（表 4-6）。在羔羊生产育肥中，羔羊的生长速度是羊生产性能的重要指标之一，所以复合酶制剂对羔羊体重的影响就十分重要。Chen 总结了大量文献资料，得出使用添加复合酶制剂的秸秆喂养动物，可以提高平均日增重和干物质摄入量，并可以降低料重比，这说明在日粮中添加复合酶制剂对羔羊的增重有促进作用。在本试验中，试验组羔羊比对照组羔羊日增重显著增长，这与 Keles 等的研究结果一致，说明在日粮中添加复合酶制剂后，羔羊的育肥效果有一定提高，平均增重明显更大。试验组和对照组羔羊的体重虽然差异不显著，但有增长趋势，这与孙瑞萍等的试验结果一致。这可能是因为与饲喂常规日粮相比，添加复合酶可以使饲料口感更柔和或产生芳香的风味，从而提高饲料的适口性并显著增加动物的采食量。复合酶制剂中的蛋白酶、淀粉酶等可通过提高饲料中蛋白质代谢产物的含量而提高羔羊日增重，且复合酶制剂提高了羔羊体内瘤胃微生物和消化酶的活性，加快了羔羊对日粮中营养物质的消化代谢，加快了羔羊的生长速度，从而提高了羔羊的生产性能。本试验结果说明，日粮中添加复合酶制剂对于提高羔羊的生产性能和生长速度都具有重要的促进作用。

表 4-6　日粮中添加复合酶制剂对羔羊体重的影响

项目	对照组	复合酶制剂 1 组	复合酶制剂 2 组
初重/kg	21.07±3.05	21.25±2.79	21.25±2.79
末重/kg	24.91±4.02	26.16±3.26	26.16±3.26
日增重/g	152.54±17.86[a]	169.41±18.48[b]	171.32±20.31[b]

4.2.1.4 日粮添加复合酶制剂对羔羊营养代谢的影响

在日粮中加入复合酶后，对羔羊养分的吸收和利用效果的影响见表 4-7，在饲料中加入复合酶后，试验组干物质的消化代谢率相较于对照组来说，复合酶制剂 1 组（0.1%）、复合酶制剂 2 组（0.2%）的干物质的消化代谢率均显著提高；结果表明，试验组与对照组相比，粗蛋白质、粗脂肪的消化代谢率均较高，但无显著性差异；与对照组比较，复合酶制剂 1 组（0.1%）中的中性洗涤纤维（NDF）的消化代谢率升高，但差异不显著，而复合酶制剂添加 2 组（0.2%）的中性洗涤纤维（NDF）的消化代谢率显著增加。在日粮中，表观消化率是一个能够反映出试验动物对日粮营养物质的吸收情况和身体的健康状况的关键参数，它与饲料原料组成、营养水平以及膳食纤维的含量有关。在本试验中试验组和对照组羔羊的粗蛋白、粗脂肪含量都有一定程度的提升，但差异不显著。这与段俊辉等的结果相似，与对照组相比，试验组在加入酶制剂后，粗蛋白表观代谢率、粗脂肪表观代谢率等指标都有增加的趋势，并与试验增重规律相符，但差异不显著。本试验复合酶制剂 1 组（0.1%）和复合酶制剂 2 组（0.2%）的干物质含量与复合酶制剂 2 组（0.2%）的中性洗涤纤维（NDF）含量和对照组相比都有显著提升，这与车小蛟等研究结果一致。综上所述，本试验产生此结果的原因可能是由于在饲料中添加了复合酶，可以对消化率进行提升，其作用机理可能是酶制剂可以破坏饲料中的植物细胞壁成分，将细胞中的营养物质释放出来，还可以对抗营养因子进行分解，这样就可以使饲料中的营养物质与肠道消化酶接触，从而促进消化。复合酶制剂是由各种不同的酶组成的，如淀粉酶、半纤维素酶和纤维素酶等，这些酶类能够分解饲料中的不同成分，从而使得羊体内能够更为充分地利用这些营养物质。复合酶制剂能够促进羊的消化道中的微生物生长繁殖，从而促进消化道中各种微生物的代谢和分解，甚至有助于对某些难以消化的成分进行分解和代谢。研究表明，在日粮中添加复合酶制剂可以通过提高日粮中养分的消化率来提高动物的生长性能与屠宰性能，从而提高经济效益。

表 4-7 日粮中添加复合酶制剂对营养物质消化率的影响

项目	对照组/%	复合酶制剂 1 组/%	复合酶制剂 2 组/%
干物质	71.62 ± 6.40^a	76.52 ± 7.53^b	77.23 ± 6.55^b
粗蛋白	68.09 ± 7.11	70.19 ± 5.69	71.90 ± 8.27

项目	对照组/%	复合酶制剂 1 组/%	复合酶制剂 2 组/%
粗脂肪	63.26±5.63	64.27±6.62	62.89±7.46
NDF	55.92±3.81[a]	58.62±4.00[ab]	59.68±4.42[b]

4.2.1.5　复合酶制剂影响羔羊血液生化指标

日粮中加入复合酶后，试验组的总蛋白、甘油三酯、血糖和尿素氮的水平与对照组相比有一定的提高，酶制剂 1 组（0.1%）的甘油三酯水平较对照组有所提高，但差异不显著。而加入复合酶制剂 1 组（0.1%）的蛋白质、血糖及尿素氮的浓度较对照组降低，差异也不显著（表 4-8）。本研究中试验组和对照组总蛋白、甘油三酯、血糖和尿素氮的含量均有一定程度的提升，但差异不大，这与李长喜等的试验结果相似。血浆中的总蛋白、清蛋白和球蛋白能够反映出动物对蛋白质的消化吸收程度，同时还能够维持机体胶体渗透压，在蛋白质的含量增加的时候，机体免疫力也会随之提升，进而对动物的营养水平进行强化，进而可以提高抵御外部不良环境影响的能力。结果表明，和对照组相比，两个试验组的血糖水平无明显差异，表明糖类代谢正常。在试验中，复合酶制剂添加 1 组（0.1%）的蛋白质、血糖和尿素氮含量与对照组相比均虽有所下降，但差异不显著。吕秋凤通过研究发现，日粮中蛋白质水平的差异会导致血液尿素氮浓度的变化，因此，尿素氮在血清中的浓度受营养状况影响。血浆中的尿素氮含量可以反映出动物体内蛋白质代谢与氨基酸的平衡状态，而血清尿素氮含量较低则说明了氨基酸平衡良好，蛋白质合成率高。在羔羊的饲料中，添加复合酶制剂，可以减少血浆中尿素氮的含量。这可能是复合酶制剂中包含 20000 U/g 蛋白酶，它可以延缓体内蛋白质降解速度，从而提高其合成速度。复合酶制剂可以促进蛋白质的沉积。杨泽坤等在奶牛日粮中添加复合酶制剂后，奶牛血液中胆固醇含量显著提升，这意味着在日粮中添加复合酶制剂会在某种程度上对试验动物的能量代谢状态有一定的影响。

表 4-8　日粮中添加复合酶制剂对血液生化指标的影响

项目	对照组	复合酶制剂 1 组	复合酶制剂 2 组
总蛋白/(g/L)	75.48±5.89	74.61±4.15	77.07±3.63
甘油三酯/(mmol/L)	1.52±0.03	1.60±0.10	1.54±0.06

续表

项目	对照组	复合酶制剂1组	复合酶制剂2组
血糖/(mmol/L)	2.80±0.06	2.75±0.05	2.85±0.07
尿素氮/(mmol/L)	2.16±0.13	2.08±0.07	2.21±0.11

日粮中添加复合酶制剂可以显著提升羔羊的日增重，提高日粮中干物质和NDF的表观消化率，增加羔羊消化率，对血液生化指标有一定影响，促进营养物质的消化与吸收，提升饲料利用率，有利于经济效益的提高。

参考文献

[1] Ahmed E, Batbekh B, Fukuma N, et al. A garlic and citrus extract: Impacts on behavior, feed intake, rumen fermentation, and digestibility in sheep [J]. Animal Feed Science and Technology, 2021, 278: 115007.

[2] Brosnan J T, Brosnan M E. The sulfur-containing amino acids: an overview [J]. The Journal of nutrition, 2006, 136 (6): 1636S-1640S.

[3] Chen J, Niu X, Li F, et al. Replacing soybean meal with distillers dried grains with solubles plus rumen-protected lysine and methionine: effects on growth performance, nutrients digestion, rumen fermentation, and serum parameters in hu sheep [J]. Animals, 2021, 11 (8): 2428.

[4] Helen A, Rajasree C R, Krishnakumar K, et al. Antioxidant role of oils isolated from garlic (Allium sativum Linn) and onion (Allium cepa Linn) on nicotine-induced lipid peroxidation [J]. Veterinary and human toxicology, 1999, 41 (5): 316-319.

[5] Huang R H, Qiu X S, Shi F X, et al. Effects of dietary allicin on health and growth performance of weanling piglets and reduction in attractiveness of faeces to flies [J]. Animal, 2011, 5 (2): 304-311.

[6] Keles G, Demirci U. The effect of homofermentative and heterofermentative lactic acid bacteria on conservation characteristics of baled triticale-Hungarian vetch silage and lamb performance [J]. Animal Feed Science and Technology, 2011, 164 (1-2): 21-28.

[7] Redoy M R A, Shuvo A A S, Cheng L, et al. Effect of herbal supplementation on growth, immunity, rumen histology, serum antioxidants and meat quality of sheep [J]. Animal, 2020, 14 (11): 2433-2441.

[8] Samolińska W, Grela E R, Kowalczuk-Vasilev E, et al. Evaluation of garlic and dandelion sup-

plementation on the growth performance, carcass traits, and fatty acid composition of growing-finishing pigs [J]. Animal Feed Science and Technology, 2020, 259: 114316.

[9] Zang Y, Silva L H P, Geng Y C, et al. Dietary starch level and rumen-protected methionine, lysine, and histidine: Effects on milk yield, nitrogen, and energy utilization in dairy cows fed diets low in metabolizable protein [J]. Journal of Dairy Science, 2021, 104 (9): 9784-9800.

[10] 毕晓华, 张晓明. 过瘤胃保护蛋氨酸对奶牛营养物质消化、瘤胃发酵和氮代谢的影响 [J]. 饲料研究, 2014 (19): 45-49.

[11] 车小蛟, 高军军, 雷宏东. 复合酶制剂对肉羊生长性能、养分表观消化率及瘤胃发酵参数的影响 [J]. 饲料研究, 2022, 45 (14): 15-18.

[12] 陈常秀. 大蒜素对肉鸡主要营养物质代谢及其抗病性能的影响 [D]. 山东农业大学, 2005.

[13] 陈文超, 师瑞红, 孔春艳, 等. 大蒜素的抗氧化功能及其应用 [J]. 河南医学高等专科学校学报, 2017, 29 (04): 411-413.

[14] 成思源, 马涛, 杨东, 等. 复合酶制剂对肉羊生长性能、屠宰性能、肉品质以及消化代谢的影响 [J]. 动物营养学报, 2022, 34 (07): 4530-4539.

[15] 丁亚芳, 何静, 杨静, 等. 总氧自由基清除能力法研究进展 [J]. 中药材, 2014, 37 (08): 1495-1499.

[16] 方磊涵, 刘诗柱, 王留. 发酵中药制剂对育肥猪肉品质、血清生化指标及免疫功能的影响 [J]. 中国兽医杂志, 2019, 55 (06): 55-59.

[17] 韩娜, 刘斌, 王美岭. 大蒜素对小鼠体内抗氧化酶的影响 [J]. 营养学报, 1992 (01): 107-108.

[18] 贺建忠, 陆志海, 王城江. 大蒜素对卡拉库尔羊日增重的影响 [J]. 畜牧兽医科技信息, 2008 (05): 28.

[19] 赫晓娜. 过瘤胃蛋氨酸对妊娠母羊瘤胃组织、微生物区系以及胎儿脂肪、毛囊组织发育的影响 [D]. 内蒙古农业大学, 2022.

[20] 蒋菱玉, 赵梅, 季久秀, 等. 饲用酶制剂在动物生产中的应用 [J]. 饲料研究, 2022, 45 (12): 144-147.

[21] 井明艳, 孙建义, 赵树盛, 等. 沙葱、地椒和大蒜素对绵羊体增重效果的影响 [J]. 饲料广角, 2004 (11): 33-34.

[22] 李国栋. 低蛋白日粮补饲过瘤胃蛋氨酸、亮氨酸、异亮氨酸对后备牛生长及消化性能的影响 [D]. 山东农业大学, 2020.

[23] 李倩. 复合酶制剂对泌乳牛生产性能和营养物质表观消化率的影响 [J]. 中国乳业, 2022 (03): 24-27.

［24］李书杰，谢颖，朱靖，等．全混合颗粒料中添加不同类型蛋氨酸对湖羊生长性能及血清生化指标的影响［J］．动物营养学报，2021，33（01）：370-378.

［25］李向龙．饲料中添加过瘤胃蛋氨酸对滩羊生产性能及血液指标的影响［D］．宁夏大学，2019.

［26］李长喜，农丽容，陆丹，等．复合酶制剂对育肥猪生产性能、肉品质及血液生化指标的影响［J］．中国畜禽种业，2021，17（05）：119-122.

［27］林楚迎．关于工业酶制剂的发展与应用研究［J］．工业微生物，2023，53（01）：64-66.

［28］刘浩，崔美芝，董娟．大蒜素抗氧化延缓衰老作用的实验研究［J］．中国老年学杂志，2006（02）：252-253.

［29］卢明娟．复合酶制剂对热应激奶牛生产性能和经济效益的影响［J］．中国乳业，2022（05）：27-31.

［30］卢玉飞，张雪元，马婷婷，等．过瘤胃蛋氨酸在反刍动物中的营养研究进展［J］．饲料工业，2014，35（17）：13-18.

［31］吕秋凤，董欣，王聪，等．饲粮添加复合酶和制粒对肉仔鸡生产性能、养分代谢率及血液指标的影响［J］．饲料工业，2015，36（06）：19-24.

［32］马艳艳，王金龙，吕伟，等．复合酶制剂在肉鸡低能低蛋白日粮中的应用［J］．中国饲料，2023（07）：56-61.

［33］蒲仕文，杨燕，茹先古丽·买买提依明，等．大蒜素对小尾寒羊生长性能、血清免疫指标、抗氧化指标及瘤胃发酵参数的影响［J］．饲料研究，2022，45（03）：1-6.

［34］司合静．猪用复合酶制剂的研究效果［J］．吉林畜牧兽医，2020，41（01）：84-85.

［35］斯钦．过瘤胃蛋氨酸添加剂对绵羊补饲效果的研究［J］．饲料研究，1995（04）：45+26.

［36］孙瑞萍，魏立民，刘圈炜，等．复合酶制剂对育肥前期海南黑山羊生产性能和血清生化指标的影响［J］．安徽农业科学，2015，43（19）：102-103.

［37］王菲，韩娥，任金朋，等．低蛋白质水平饲粮添加过瘤胃蛋氨酸对黔北麻羊生长性能、养分消化率、血浆生化和抗氧化指标及瘤胃发酵参数的影响［J］．动物营养学报，2020，32（03）：1262-1271.

［38］王杰，崔凯，王世琴，等．饲粮蛋氨酸水平对湖羊公羔营养物质消化、胃肠道 pH 及血清指标的影响［J］．动物营养学报，2017，29（08）：3004-3013.

［39］王萌，周玉香，张艳梅，等．过瘤胃蛋氨酸对舍饲滩羊生产性能的影响［J］．家畜生态学报，2017，38（01）：36-38.

［40］温超．复合酶制剂对产蛋后期蛋鸡内源消化酶及养分代谢的影响［D］．南京农业大

学，2009.

[41] 吴春昊. 大蒜素对鲟鱼生长性能、体成分及肌肉品质的影响 [J]. 中国饲料，2021
（10）：62-65.

[42] 武静龙. 复合酶制剂对獭兔生产性能和血清生理生化指标的影响 [D]. 湖南农业大
学，2006.

[43] 谢拥军，阳建辉，李旭红. 复合酶制剂对湘东黑山羊羔羊生产性能的影响 [J]. 岳阳
职业技术学院学报，2009，24（06）：79-81.

[44] 燕磊，杨维仁，杨在宾，等. 不同水平瘤胃保护性蛋氨酸对小尾寒羊氮代谢及生产
性能的影响 [J]. 家畜生态学报，2005（06）：27-30.

[45] 燕磊. 瘤胃保护性蛋氨酸对小尾寒羊氨基酸代谢影响的研究 [D]. 山东农业大
学，2005.

[46] 杨泽坤. 反刍动物专用复合酶制剂对奶牛瘤胃发酵、血液指标及生产性能的影响
[D]. 西北农林科技大学，2017.

[47] 贠婷婷，李爱科，慕文涛，等. 新型优质发酵及酶解植物蛋白饲料资源开发利用现
状与展望 [C] // 中国畜牧兽医学会动物营养学分会. 中国畜牧兽医学会动物营养学
分会第十一次全国动物营养学术研讨会论文集. 中国农业科学技术出版社，
2012：666.

[48] 张克烽，张子平，陈芸，等. 动物抗氧化系统中主要抗氧化酶基因的研究进展 [J].
动物学杂志，2007（02）：153-160.

[49] 张小寒，涂远璐，汤海江，等. 肉羊非常规 TMR 饲粮中添加过瘤胃赖氨酸和蛋氨酸
对其生产性能的影响 [J]. 江苏农业科，2021，49（17）：155-160.

[50] 张艳梅，周玉香，李雨蔚. 复合化学处理稻草饲粮中添加过瘤胃蛋氨酸对舍饲滩羊
生长性能、屠宰性能和肉品质的影响 [J]. 动物营养学报，2019，31（02）：962-969.

[51] 张莺莺，戴建军，林月霞，等. 湖羊和崇明白山羊血液营养成分分析与蛋白质营养
价值评价 [J]. 上海畜牧兽医通讯，2021（05）：7-14.

[52] 赵健康，杨开伦，张琦智，等. 大蒜素对生长期湖羊增重和腹泻率的影响 [J]. 黑龙
江畜牧兽医，2016（12）：154-155.

[53] 周玉香，王萌，李作明，等. 过瘤胃蛋氨酸对舍饲滩羊消化代谢的影响 [J]. 饲料工
业，2019，40（01）：50-53.

[54] 朱杭. 不同饲料料型对奶山羊羔羊生产性能的影响 [D]. 武汉轻工大学，2023.